José Justo Mateo Sánchez
Juan Capulín Grande

El cultivo en condiciones protegidas de jitomate y pepino

José Justo Mateo Sánchez
Juan Capulín Grande

El cultivo en condiciones protegidas de jitomate y pepino

Cultivo Protegido de Jitomate (Solanum lycopersicum) y pepino (Cucumis sativa), en el valle de Tulancingo, México

Editorial Académica Española

Imprint

Any brand names and product names mentioned in this book are subject to trademark, brand or patent protection and are trademarks or registered trademarks of their respective holders. The use of brand names, product names, common names, trade names, product descriptions etc. even without a particular marking in this work is in no way to be construed to mean that such names may be regarded as unrestricted in respect of trademark and brand protection legislation and could thus be used by anyone.

Cover image: www.ingimage.com

Publisher:
Editorial Académica Española
is a trademark of
Dodo Books Indian Ocean Ltd. and OmniScriptum S.R.L publishing group

120 High Road, East Finchley, London, N2 9ED, United Kingdom
Str. Armeneasca 28/1, office 1, Chisinau MD-2012, Republic of Moldova, Europe
Printed at: see last page
ISBN: 978-613-9-46572-9

Copyright © José Justo Mateo Sánchez, Juan Capulín Grande
Copyright © 2024 Dodo Books Indian Ocean Ltd. and OmniScriptum S.R.L publishing group

EL CULTIVO EN CONDICIONES PROTEGIDAS DE JITOMATE Y PEPINO

"CULTIVO PROTEGIDO DE JITOMATE (SOLANUM LYCOPERSICUM) Y PEPINO (CUCUMIS SATIVA), EN EL VALLE DE TULANCINGO, HIDALGO, MÉXICO."

AUTORES: JOSÉ JUSTO MATEO SÁNCHEZ   JUAN CAPULÍN GRANDE

ÍNDICE

ÍNDICE DE FOTOGRAFÍAS

ÍNDICE DE CUADROS

ÍNDICE DE FIGURAS

ÍNDICE DE TABLAS

CAPÍTULO 1: "CULTIVO PROTEGIDO DE JITOMATE (*SOLANUM LYCOPERSICUM*), ESTUDIO DE CASO"

"Estudio de Caso en Cultivo Protegido de Jitomate (Solanum lycopersicum)."

Autores: Miguel Toriz González1, Evelin Suarez Ramírez1, José Justo Mateo Sánchez2, Alfonso Suarez Islas2, Juan Capulín Grande2, Ma. Isabel Reyes Santamaría2 .

1 Alumnos del Instituto de Ciencias Agropecuarias, Universidad Autónoma del Estado de Hidalgo

2 Profesores del Instituto de Ciencias Agropecuarias, Universidad Autónoma del Estado de Hidalgo

El Cultivo de jitomate ocupa un lugar importante dentro de los cultivos hortícolas que se producen en condiciones de agricultura protegida, este cultivo adquiere importancia desde el ámbito social hasta el económico debido a la gran cantidad de mano de obra que su explotación demanda; además es considerado muy redituable y altamente generador de divisas. (Jasso Echeverria, Martinez Gamino, Chavez Vazquez, Ramirez Telles, & Garza Urbina, 2012).

La tecnología para producción de jitomate en ambiente controlado representa una gran oportunidad de mejorar la economía de los horticultores. (Jasso Chaverria, Martinez Gamiño, Chavez Vazquez, Ramirez Tellez, & Garza, 2012).

En esta investigación nos dirigimos con el ingeniero de oficio Sergio Hernández de 39 años de edad, él es encargado de una superficie de 6 ha de invernaderos que se encuentran en el municipio de Tulancingo, Hidalgo. Son invernaderos certificados, donde la producción se exporta a Estados Unidos y Canadá a través de la distribuidora y comercializadora NPH, lo que implica mantener una alta calidad de inocuidad en su producción. De igual manera se acudió al Ingeniero Enrique Sánchez Vela, egresado de la Universidad Autónoma del Estado de Hidalgo, para ampliar la información que se obtuvo por medio de la entrevista, así como la información obtenida a partir de la propia investigación literaria.

Fotografía 1 Estudiantes de la Universidad Autónoma del Estado de Hidalgo que realizaron el estudio de caso.

Fotografía 2 Sergio Hernández, ingeniero de oficio.

Fotografía 3 Planta de jitomate (Solanum lycopersicum), Fuente: pexels.com. Archivo: pexels-eva-bronzini-5503105

UBICACIÓN TAXONÓMICA

Reino	Plantae
Clase	Magnoliopsida
Subclase	Asteridae
Orden	Solanales
Familia	Solanaceae
Género	*Solanum*
Especie	*S. lycopersicum*

Cuadro 1 Taxonomía del jitomate (Solanum lycopersicum) (López Marín, 2017)

DESCRIPCIÓN BOTÁNICA

El tomate, en México también denominado Jitomate, pertenece a la familia Solanaceae y su nombre científico es Solanum lycopersicum.

Existe la forma silvestre S. l. var. coraciforme que se distribuye desde América del Sur (Centro de origen) hasta México (centro de domesticación), específicamente en la vertiente del Golfo de México, en Veracruz. (Delice, y colaboradores, 2019)

Se trata de una planta perenne de porte arbustivo que se cultiva de forma anual, para el consumo de sus frutos. Puede desarrollarse de forma rastrera, semirrecta o erecta. Existen variedades de crecimiento limitado también llamadas "determinadas" y otras de crecimiento ilimitado, llamadas "indeterminadas". (Medina Castañeda, 2013)

Tallo

El tallo mide entre 2 y 4 cm de ancho y es más delgado en la parte superior, presenta pubescencia, es anguloso y de color verde. Se forman tallos secundarios, nuevas hojas, así como racimos florales en el tallo principal. En el meristemo apical, específicamente en la porción distal surgen los nuevos primordios florales y foliares. (López Marín, 2017)

Hoja

La hoja, pinnada y compuesta, presenta de siete a nueve foliolos peciolados, estos pueden medir entre 4 y 60 mm por entre 3 y 40 mm, son lobulados y tienen un borde dentado, son alternos y opuestos, generalmente de color verde. La hoja además es pubescente por el haz y de un color verde cenizo por el envés. Sobre el tallo se encuentra cubierta de pelos glandulares y dispuestos en posición alterada. (López Marín, 2017)

Flor

La flor, perfecta y regular en cuya base del ovario se insertan, los sépalos, los pétalos y los estambres. El cáliz y la corola constan de cinco o más sépalos y de cinto pétalos de color amarillo, que se encuentran dispuestos de forma helicoidal.

De acuerdo a López Marín, éstas poseen cinco o seis estambres alternándose con los pétalos forman los órganos reproductivos:

"Las flores se agrupan en inflorescencias de tipo racimo, en grupos de tres a diez en variedades comerciales de tomate medianas y grandes. Estas inflorescencias se ubican en las axilas, cada dos o tres hojas. Es normal que se forme la primera flor en la yema apical, mientras que las demás aparecen en posición lateral y por debajo de la primera, siempre colocándose alrededor del eje principal, siendo el pedicelo el que una la flor al eje floral."

Fruto

Consta de una baya bilocular o plurilocular el peso que alcance puede variar desde unos cuantos miligramos hasta 600g. El fruto se constituye por el pericarpio, el tejido placentario y las semillas. El fruto es de color verde al encontrarse en su estado inmaduro y al madurar se torna de color rojo; sin embargo, existen variedades con frutos de color amarillo, rosado, morado, naranja y verde, entre otros. Este contiene semillas cuyo tamaño promedio es de 5 x 4 x 2 mm. Estas semillas son de forma ovalada, comprimidas, pueden ser también lisas o velludas de un color parduzco y se encuentran embebidas en una abundante masa mucilaginosa. (López Marín, 2017)

Sistema Radicular

Se encuentra constituido por la raíz principal y las raíces secundarias y adventicias. Su función es la de anclar la planta al suelo o al sustrato, así absorbe y transporta los nutrientes y agua a la parte aérea o superior de la planta. Las raíces adventicias son las más numerosas y potentes, sin superar los 30 cm de profundidad. (López Marín, 2017)

HÁBITO DE CRECIMIENTO DEL TOMATE

Plantas de crecimiento determinado

Son aquellas plantas en las que tanto el tallo principal como lateral detienen su crecimiento después de un cierto número de inflorescencias, dependiendo este número de la variedad. Las plantas de crecimiento determinado, son de porte bajo, compacto y producen frutos durante un periodo de tiempo corto. Su crecimiento se detiene después de la aparición de varios racimos florales con la formación de un último racimo apical. La cosecha puede ser realizada de una a tres veces durante el ciclo de cultivo. (López Marín, 2017)

Plantas de crecimiento indeterminado

Son aquellas plantas cuyos tallos principal y lateral crecen en un patrón continuo, siendo la yema terminal del tallo la que desarrolla el siguiente tallo. La floración, fructificación, así como la cosecha se extienden por períodos muy largos, y es por esta razón que son regularmente cultivadas en invernaderos o casas sombra con tutoreo. Debido a que forman hojas y flores de manera ilimitada, poseen condiciones adecuadas para un crecimiento continuo.

El desarrollo de flores en los racimos y su grado de desarrollo son escalonados, es decir, las primeras flores del racimo pueden estar totalmente abiertas, mientras que las últimas aún no se abren (López Marín, 2017).

Plantas de crecimiento semideterminado

Estas plantas se caracterizan por la interrupción del crecimiento de sus tallos después de un determinado número de inflorescencias, usualmente en una etapa muy avanzada del ciclo de cultivo. (López Marín, 2017)

ETAPAS FENOLÓGICAS DEL CULTIVO DE TOMATE

Las etapas fenológicas son determinadas por la variedad y las condiciones climatológicas de la zona donde se establece el cultivo. De acuerdo a López Marín (2017) estas etapas se pueden dividir en cinco periodos:

Establecimiento de la plata joven

Es el periodo de la formación inicial de las partes aéreas de la planta, conocido también como desarrollo del semillero. (López Marín, 2017)

Crecimiento vegetativo

Es el periodo comprendido de los primeros cuarenta a cuarenta y cinco días desde la siembra de la semilla, después de estos las plantas comienzan su desarrollo continuo. Posterior a esta etapa siguen cuatro semanas de crecimiento rápido. (López Marín, 2017)

Floración e inicio del cuaje de la fruta

Periodo que se extiende desde el inicio de la floración; el cual ocurre alrededor de veinte a cuarenta días después del trasplante, hasta la finalización del ciclo de crecimiento de la planta. El cuaje es el periodo que tiene lugar cuando la flor es fecundada y empieza el proceso de su transformación en fruto. (López Marín, 2017)

Inicio del desarrollo de la fruta

El cuaje de la fruta ocurre luego de la polinización, la cual se realiza por medio del viento y los insectos, como las abejas. En esta etapa, la fruta no suele caerse y no presenta rastros de la flor. El autor comenta que "el crecimiento de la fruta y la acumulación de materia seca presentan un ritmo relativamente estable, hasta llegar a dos o tres grados de maduración." (López Marín, 2017)

Maduración de la fruta

Generalmente ocurre alrededor de ochenta días después del trasplante dependiendo de diferentes factores como el cultivar, la nutrición y las condiciones climáticas. La cosecha continúa hasta los 180 a 210 días después del trasplante. (López Marín, 2017)

ETAPAS FENOLÓGICAS DEL CULTIVO DE TOMATE

Las etapas fenológicas son determinadas por la variedad y las condiciones climatológicas de la zona donde se establece el cultivo. De acuerdo a López Marín (2017) estas etapas se pueden dividir en cinco periodos:

Establecimiento de la plata joven

Es el periodo de la formación inicial de las partes aéreas de la planta, conocido también como desarrollo del semillero. (López Marín, 2017)

Crecimiento vegetativo

Es el periodo comprendido de los primeros cuarenta a cuarenta y cinco días desde la siembra de la semilla, después de estos las plantas comienzan su desarrollo continuo. Posterior a esta etapa siguen cuatro semanas de crecimiento rápido. (López Marín, 2017)

Floración e inicio del cuaje de la fruta

Periodo que se extiende desde el inicio de la floración; el cual ocurre alrededor de veinte a cuarenta días después del trasplante, hasta la finalización del ciclo de crecimiento de la planta. El cuaje es el periodo que tiene lugar cuando la flor es fecundada y empieza el proceso de su transformación en fruto. (López Marín, 2017)

Inicio del desarrollo de la fruta

El cuaje de la fruta ocurre luego de la polinización, la cual se realiza por medio del viento y los insectos, como las abejas. En esta etapa, la fruta no suele caerse y no presenta rastros de la flor. El autor comenta que "el crecimiento de la fruta y la acumulación de materia seca presentan un ritmo relativamente estable, hasta llegar a dos o tres grados de maduración." (López Marín, 2017)

Maduración de la fruta

Generalmente ocurre alrededor de ochenta días después del trasplante dependiendo de diferentes factores como el cultivar, la nutrición y las condiciones climáticas. La cosecha continúa hasta los 180 a 210 días después del trasplante. (López Marín, 2017)

ESTADÍSTICAS DE PRODUCCIÓN DE JITOMATE

En la República mexicana

El jitomate, es la hortaliza de mayor producción, ya que se cultiva para atender la demanda nacional y la exportación. Para el ciclo primavera-verano 2020 hasta el primer mes de 2021, la producción de tomate rojo, (jitomate) fue de un millón 878 mil 289 toneladas; 23 mil 987 menos (1.3%) que la producción del mismo mes el año previo (un millón 902 mil 276 toneladas) (Secretaria de Agricultura y Desarrollo Rural, 2021).

Producción 2020		Comercio exterior 2021 Estimado		Semáforo
Estimada	Primavera-Verano A enero 2021	Importaciones	Exportaciones	
3,259,630 toneladas	1,878,289 toneladas	2,122 toneladas	1,665,259 toneladas	●

Cuadro 2 Tomate rojo (Jitomate).

demanda nacional y la exportación. Para el ciclo primavera-verano 2020 hasta el primer mes de 2021, la producción de tomate rojo, (jitomate) fué de un millón 878 mil 289 toneladas; 23 mil 987 menos (1.3%) que la producción del mismo mes el año previo (un millón 902 mil 276 toneladas) (Secretaria de Agricultura y Desarrollo Rural, 2021).

En el Estado de Hidalgo

Ante la situación con la que se vivió durante los años pasados por el coronavirus, para el cultivo de tomate rojo, se cuenta con una capacidad productiva capaz de garantizar el abasto del consumo nacional, sin embargo, una de las preocupaciones fue garantizar la distribución del volumen obtenido de producción.

Como podemos apreciar en la tabla de "Producción de jitomate por entidad federativa, Ciclo Primavera – Verano 2019 y 2020"; San Luis Potosí es el líder productor al concentrar 17.2% de la producción nacional, seguido de Zacatecas y Michoacán con un 10.8% y 9.0% respectivamente, en conjunto aportan una tercera parte del total nacional.

En el estado de Hidalgo, en el 2019 se produjeron 54,451 toneladas, mientras que en el año 2020 se produjeron 47,791 toneladas, esto significa, 6,659 ton. de diferencia equivalente a un 12.2% menos.

Esta producción es correspondiente al 2.5% de la producción nacional de ese año. 2020 (Secretaria de Agricultura y Desarrollo Rural, 2021)

Entidad Federativa	2019	2020	Variación		Part. % 2020
			Absoluta	%	
Nacional	**1,902,276**	**1,878,289**	**-23,987**	**-1.3**	**100.0**
San Luis Potosí	318,680	323,090	4,410	1.4	17.2
Zacatecas	163,671	202,479	38,808	23.7	10.8
Michoacán	212,467	168,802	-43,665	-20.6	9.0
Jalisco	97,202	144,366	47,164	48.5	7.7
Puebla	130,766	126,734	-4,033	-3.1	6.7
Morelos	101,264	115,175	13,911	13.7	6.1
México	93,142	102,613	9,471	10.2	5.5
Baja California Sur	90,094	92,554	2,460	2.7	4.9
Baja California	101,700	84,335	-17,365	-17.1	4.5
Coahuila	120,273	63,336	-56,938	-47.3	3.4
Guanajuato	56,045	61,492	5,446	9.7	3.3
Querétaro	58,151	60,419	2,268	3.9	3.2
Durango	51,315	51,685	370	0.7	2.8
Oaxaca	36,323	50,660	14,336	39.5	2.7
Hidalgo	54,451	47,791	-6,659	-12.2	2.5
Aguascalientes	53,372	42,738	-10,634	-19.9	2.3
Chiapas	40,763	42,091	1,328	3.3	2.2
Sonora	19,139	20,197	1,058	5.5	1.1
Guerrero	12,905	14,541	1,636	12.7	0.8
Chihuahua	11,526	12,905	1,379	12.0	0.7
Nuevo León	36,862	12,681	-24,181	-65.6	0.7
Colima	18,373	9,933	-8,440	-45.9	0.5
Tamaulipas	7,347	9,145	1,798	24.5	0.5
Veracruz	9,293	7,964	-1,329	-14.3	0.4
Tlaxcala	4,425	4,902	476	10.8	0.3
Nayarit	377	3,081	2,704	718.2	0.2
Quintana Roo	1,011	1,192	180	17.8	0.1
Campeche	160	624	464	290.7	0.03
Yucatán	982	578	-404	-41.1	0.03
Ciudad de México	137	130	-7	-4.8	0.01
Tabasco	58	58	-1	-1.0	0.003

Cuadro 3 Producción de jitomate por entidad federativa ciclo Primavera – verano 2019 Y 2020. Avance a enero 2021 (toneladas).

Municipio de Tulancingo de Bravo

Al sur-este del estado de Hidalgo se encuentra la región del Valle de Tulancingo, la integran seis municipios: Acatlán, Acaxochitlán, Cuautepec de Hinojosa, Metepec, Santiago Tulantepec de Lugo Guerrero y Tulancingo de Bravo. Tiene una superficie de 1,346.4 km², representando el 6.42% del Estado de Hidalgo. En este municipio se localiza el Instituto de Ciencias Agropecuarias, de la Universidad Autónoma del Estado de Hidalgo y también aquí localizamos a nuestro productor, el señor Sergio Hernández. (INEGI 2017)

A nivel estado, Tecozautla es el municipio con mayor superficie sembrada, representando el 58.55% de la producción de Hidalgo. Seguido de Metepec, Huichapan y Acaxochitlán, con participación de 4.58, 4.02 y 2.40%, respectivamente.

En el Municipio de Tulancingo, la superficie sembrada es de 13 ha. con una producción de 2,353 ton, lo que equivale a un rendimiento de 181 ton/ha. y el valor de esta producción de 19,345.31. (Terrones Cordero y. C., 2020)

Municipio	Superficie (ha)		Producción (ton)	Rendimiento(ton/ha)	Valor de la producción (miles de pesos)
	Superficie Sembrada	Superficie Cultivada			
Acatlán	12.00	12.00	2208.00	184.00	17944.81
Acaxochitlán	21.00	21.00	3906.00	186.00	32090.09
Cuautepec de Hinojosa	6.00	6.00	1092.00	182.00	8912.71
Metepec	40.00	40.00	7480.00	187.00	60241.98
Tulancingo de Bravo	13.00	13.00	2353.00	181.00	19345.31
Valle de Tulancingo	92.00	92.00	17039.00	184.00	138534.90
Tecozautla	510.80	504.80	9857.40	19.53	60672.11
Huichapan	35.10	35.10	868.05	24.73	5921.17
Chilcuautla	18.00	18.00	2052.54	114.03	17559.13
Tasquillo	10.00	10.00	1030.00	103.00	9844.75
Hidalgo	872.35	866.35	52543.14	60.65	431469.57
Nacional	50373.33	50225.83	3469707.28	69.08	25483434.70

Cuadro 4 Superficie, producción, rendimiento y valor de la producción del jitomate rojo en la región del Valle de Tulancingo, 2017. (Terrones Cordero y. C., 2020)

FACTORES QUE INFLUYEN EN LA PRODUCCIÓN EN INVERNADERO

La característica principal de un cultivo protegido se basa en la colocación de una estructura que permite la protección de los cultivos durante condiciones de estrés, estas condiciones de estrés ocasionan disminuciones en el rendimiento. Esto significa que se colocan las estructuras porque ofrecen protección contra insectos, viento, arena, granizo y heladas, en general, aumentando la probabilidad de mayores rendimientos y mejor calidad de frutos. (SENASICA; Servicio Nacional de Sanidad, Inocuidad y Calidad Agroalimentaria., 2016)

De acuerdo con la "Guía para cultivar jitomate en condiciones de malla sombra en San Luís Potosí" se presentan las siguientes consideraciones:

Ventajas de la producción de jitomate en un ambiente controlado:

- Disminución de hasta el 25% del agua requerida para el cultivo.
- Reducción de la contaminación.
- Menor tiempo hasta el inicio de cosecha.
- Rendimientos que superan hasta el 300% más que en campo abierto.
- Calidad de las cosechas (frutos limpios, sanos y uniformes).
- Alta eficiencia en el uso del agua y de los fertilizantes.
- Posibilidades de acceder al mercado de exportación.
- Obtención de altas relaciones beneficio/costo.
- Generación de empleos.
- Mejor control de plagas y enfermedades.
- Posibilidad de obtener más de un ciclo de cultivo al año.

Algunos inconvenientes:

- Al comienzo se requiere una alta inversión.
- Alto costo de operación.

- Se requiere personal especializado, de experiencia práctica y conocimientos teóricos.

(Jasso Echeverria, Martinez Gamino, Chavez Vazquez, Ramirez Telles, & Garza Urbina, 2012)

<u>Estudio del caso: Entrevista con el Ingeniero de Oficio Sergio Hérnandez .</u>

A partir de esta sección se alternará la información bibliográfica con la información obtenida en el estudio de caso; el cual tiene como base la encuesta realizada al productor de jitomate en condiciones protegidas: Sergio Hernández; y en el apartado final encontrará la entrevista realizada al Ingeniero Enrique Sánchez Vela, graduado de la Universidad Autónoma del Estado de Hidalgo a modo de complemento.

Cuando el productor comenzó con la construcción de los invernaderos, ya sabía que quería trabajar en el cultivo de jitomate. Esto establece una buena pauta para el comienzo, ya que toda la operación se desarrolla de acuerdo con las necesidades del cultivo. Los invernaderos se encuentran en buenas condiciones por la preservación de la inocuidad entre otros factores como su correcto mantenimiento y la utilización de los materiales idóneos para dicho cultivo.

REQUERIMIENTOS AMBIENTALES DEL JITOMATE.

De acuerdo con Jasso Echeverria y colaboradores se requiere un manejo racional de los factores climáticos en conjunto para el adecuado desarrollo del cultivo. Estos diferentes factores se encuentran estrechamente relacionados y la actuación sobre uno de estos influye en los demás.

Temperatura:

La temperatura adecuada para el desarrollo del cultivo del jitomate se encuentra entre los 20° C y los 30° C durante el día y entre 14° C y 17 °C durante el periodo nocturno. Temperaturas que superan los 30° C a 35 °C afectan la fructificación debido a un mal desarrollo de óvulos, un mal desarrollo de la planta y el sistema radicular. Temperaturas superiores a 25 °C e inferiores a 12 °C son causa de una fecundación defectuosa o nula en algunas variedades de híbridos. Otro factor que se ve afectado por la temperatura es la maduración del fruto en cuanto a la precocidad y la coloración; valores cercanos a 10 °C y superiores a los 30°C causan tonalidades amarillentas en el fruto. (Jasso Echeverria, Martinez Gamino, Chavez Vazquez, Ramirez Telles, & Garza Urbina, 2012)

Humedad:

La humedad relativa adecuada para el cultivo de jitomate se sitúa entre el 60% y 80%. Humedades relativas elevadas favorecen el desarrollo de enfermedades fúngicas en el follaje, así como agrietamiento del fruto y dificultan la fecundación, esto se debe a que el polen se compacta, abortando parte de las flores. Una humedad relativa baja también afecta la fecundación ya que el polen se reseca demasiado, esto dificulta la fijación del polen al estigma de la flor. (Jasso Echeverria, Martinez Gamino, Chavez Vazquez, Ramirez Telles, & Garza Urbina, 2012)

Luminosidad:

Reducidos valores de luminosidad pueden incidir de forma negativa sobre los procesos de floración y fecundación, así como el desarrollo vegetativo de la planta. Durante el periodo vegetativo, resulta crucial la interrelación entre la temperatura diurna y nocturna, así como la luminosidad. (Jasso Echeverria, Martinez Gamino, Chavez Vazquez, Ramirez Telles, & Garza Urbina, 2012)

Radiación:

El autor menciona que: "El jitomate es un cultivo insensible al fotoperiodo, entre 8 y 16 horas, sin embargo, requiere de una buena iluminación. Una iluminación limitada origina reducción en la fotosíntesis neta e implican mayor competencia por los productos asimilados." (Jasso Echeverria, Martinez Gamino, Chavez Vazquez, Ramirez Telles, & Garza Urbina, 2012)

Ventilación:

En la producción de cultivos protegidos, la ventilación es un aspecto fundamental debido a que facilita la entrada de aire fresco y también elimina el aire caliente que se acumula dentro de la malla sombra o invernadero, esto ayuda a renovar los niveles de oxigenación. Una consideración importante de acuerdo a la literatura consultada es que la orientación de la estructura permita buena circulación del aire para renovar el que se encuentra en el interior lo cual contribuye a bajar la humedad relativa para evitar problemas de enfermedades. (Jasso Echeverria, Martinez Gamino, Chavez Vazquez, Ramirez Telles, & Garza Urbina, 2012)

<u>Estudio del caso: Entrevista con el Ingeniero de Oficio Sergio Hérnandez .</u>

El productor ha comentado que para elevar la temperatura se utilizan calentadores los cuales ayudan a mitigar los efectos causados por las bajas temperaturas. Con la finalidad de aminorar los gastos, estos calentadores son programados para que se enciendan solamente cuando la temperatura llegue a menos de 3°C y se apaguen cuando la temperatura suba a 4°C. Además de los calentadores, en las instalaciones se cuenta con ventiladores para evaporar las gotas de agua y prevenir enfermedades.

El plástico utilizado en el invernadero es de color blanco lechoso (este proporciona sombra) y difuso transparente el cual permite el paso del 98% de los rayos de luz solar, estos son importados desde Alemania. De igual manera en los invernaderos se tienen colocados tensiómetros a 9 cm debajo de la cintilla y 30 cm de profundidad en el plástico difuso transparente para medir la humedad relativa.

Igualmente se hace uso de las nebulizadoras con aceite de semilla de girasol para humidificar el ambiente al interior del invernadero.

Fotografía 4 Calentador que regula la temperatura en el interior del invernadero.

FERTILIZANTES PARA PREPARAR SOLUCIONES NUTRITIVAS

La nutrición del jitomate en condiciones protegidas, se lleva a cabo utilizando soluciones nutritivas, las cuales incluyen todos los elementos esenciales o bien parte de ellos. Ya que estas soluciones se aplican a través del sistema de riego por goteo, deben reunir ciertas características, dentro de las cuales las más importantes son:

Solubilidad:

"Los fertilizantes deben ser altamente solubles en agua, para obtener en disolución los elementos contenidos en ellos mismos y evitar obturaciones a lo largo de las tuberías y goteros." (Jasso Echeverria, Martinez Gamino, Chavez Vazquez, Ramirez Telles, & Garza Urbina, 2012)

Pureza:

Es muy importante que los fertilizantes contengan la menor cantidad de impurezas para evitar fuentes de contaminación, además que estas originan problemas de taponamiento de los emisores. Se aconseja utilizar productos de alta calidad y concentración nutrimental. (Jasso Echeverria, Martinez Gamino, Chavez Vazquez, Ramirez Telles, & Garza Urbina, 2012)

Compatibilidad:

La mezcla de fertilizantes líquidos, sólidos o una combinación de ambos puede generar problemas de compatibilidad. En la elaboración de soluciones nutritivas concentradas, la regla general es que el ion sulfato no es compatible con el calcio, y los fosfatos no lo son con el calcio ni con el magnesio. Para seleccionar adecuadamente los fertilizantes, es crucial conocer los elementos presentes en el agua de riego y su concentración, así como algunas características del agua como el pH, la conductividad eléctrica, la dureza, los sólidos solubles totales y la concentración de carbonatos y bicarbonatos. (Jasso Echeverria, Martinez Gamino, Chavez Vazquez, Ramirez Telles, & Garza Urbina, 2012)

Cuadro **Solución nutritiva para producción de plántulas de jitomate en invernadero (Jasso, *et al.*, 2011a).**

N	P	K	Ca	Mg	S	Fe	Mn	Zn	Cu	B
--ppm--										
50	20	50	100	20	20	1.0	0.5	0.2	0.1	0.5

Cuadro 5 Fertilizantes aplicados al cultivo de jitomate (Solanum lycopersicum) y su concentración en partes por millón (PPM).

Estudio del caso: Entrevista con el Ingeniero de Oficio Sergio Hérnandez.

El productor Sergio Hernández realiza análisis de suelo y de agua cada semana, mide las variantes como el pH y la humedad del suelo; con sus correspondientes potenciómetros y tensiómetros. Cuando llega el momento de la fertilización, se hacen las mezclas en 3 tambos diferentes para evitar la precipitación de los fertilizantes debido a una reacción química.

En el primer tambo agrega: nitrato de calcio, ácido bórico, sulfato de zinc, molibdeno, hierro, zinc, quelato y manganeso de quelato.

En el segundo agrega: nitrato de potasio (NKS), sulfato mono amónico (Sulmag), Sulfato mono potásico (MKP), nitrato de magnesio (magnit). también cuidando las partes por millon (PPM) adecuadas.

En el tercer tambo lo utiliza para regular el pH y solo agrega ácido sulfúrico o ácido nítrico.

Para cada etapa fenológica se agregan diferentes soluciones y se realizan diferentes manejos, dependiendo de cómo reacciona la planta a éstos; así se van modificando durante el ciclo de producción dependiendo de la estación del año y la variedad.

"No se tiene que ver el gasto de los fertilizantes, si no el requerimiento de la planta" nos comenta el productor, con siete años de experiencia, Sergio Hernández.

Para hacer las aplicaciones foliares se utilizan parihuelas o también llamadas fumigadoras estacionarias, aspersora, bomba manual o bazuca.

Cuando llega la floración se realiza una aplicación foliar de nitrato de calcio a 4 gramos, sulfato de zinc a 1 gramos, ácido bórico a 0.75 gramos, molibdeno a 0.015 miligramos, silicio a 5 gramos, algas marinas a 2.5 y fosfito de potasio a 2.5 gramos por litro; a esta mezcla se le añade ácido sulfúrico a 0.3 mililitros por litro para regular el pH.

El señor Hernández hace mención que primero bajan el pH, se agregan los químicos en polvos, después los líquidos y al final el coadyuvante, este último ayuda a distribuir a los demás. Y si se requiere una solución para raíces secundarias agregan enraizadores como: Rooting o Auxi Root, algas marinas, y aminoácidos si la planta esta estresada.

De igual manera se realizan caldos biológicos que se preparan ahí mismo en los invernaderos, y se aplican de manera directa al suelo y foliar, utilizando 200 litros por hectárea. Su preparación está compuesta por: 10 litros de leche bronca, 500gramos de miel pura, 3 bacterias (Double nickel 1.5 litros, maya magic 1.5 litros y Microsime 1.5), también se incorpora un insecticida biológico llamado GLUMIX IRRIGATION (compuesto a base de un consorcio de hongos micorrízicos arbusculares), NATUCONTROL (Trichoderma harzianum) y hongos llamados arrecifes, esto se prepara y se deja reposar con una bomba de aire para que se procreen y no haya competencia entre las 3 bacterias. La reacción de estas bacterias cuando entran en contacto con el suelo, es que las bacterias benéficas luchan contra las patógenas.

La aplicación de este caldo biológico se agrega cada sábado durante 1 año en el suelo y de manera foliar; pero en el caso de la aplicación que va al suelo, se divide cada semana, en una semana se agrega el caldo biológico con enraizadores, la segunda semana caldo biológico con namáticida, la tercera semana caldo biológico con enraizador para raíces secundarias y la cuarta semana se agrega caldo biológico con namáticida adulticida, esto se aplica asi porque no hay productos que ataquen a ambas etapas de la plaga.

Fotografía 5 Bodega donde se encuentran los fertilizantes a utilizar para el cultivo de jitomate (Solanum lycopersicum).

Fotografía 6 Fertilizantes de micronutrientes (Haifa Micro).

Fotografía 7 Recipientes para la preparación de la solución nutritiva que se aplica al jitomate (Solanum lycopersicum).

Fotografía 8 Agroquímicos aplicados al jitomate (Solanum lycopersicum) en diferentes estados fenológicos.

VARIEDADES DE JITOMATE PARA CONDICIONES PROTEGIDAS

El tipo de tomate que se debe cultivar dependerá del uso previsto, ya sea para consumo en fresco o para su procesamiento industrial. (Jasso Echeverria, Martinez Gamino, Chavez Vazquez, Ramirez Telles, & Garza Urbina, 2012) Algunos ejemplos de acuerdo a los autores son:

Cimabue (TO 1482)-Peotec Seeds:

Este híbrido de crecimiento indeterminado se caracteriza por su vigor y buena cobertura, con plantas uniformes y maduración intermedia. Sus frutos, de forma alargada tipo ciruela, pesan en promedio entre 110 y 130 gramos, tienen paredes gruesas, son muy firmes y cuentan con una excelente vida útil en anaquel. Gracias a su alta calidad, puede cultivarse tanto en condiciones protegidas como en campo abierto. Además, presenta tolerancia a *Verticilium,* Fusarium razas 1 y 2, nematodos, *Pseudomonas tomato*, virus del mosaico del tabaco y *Pseudomonas syringae*. (Jasso Echeverria, Martinez Gamino, Chavez Vazquez, Ramirez Telles, & Garza Urbina, 2012)

Aníbal F1-Harris Moran:

Este tomate tipo saladette es una planta vigorosa que ofrece altos rendimientos con frutos muy uniformes, de tamaño grande y extra-grande, con excelente forma y maduración. Posee alta resistencia al Virus del Mosaico del Tomate, *Verticilium albo-atrum, Verticilium dahliae, Meloidogyne arenaria, Meloidogyne incognita, Meloidogyne javanica*, y *Fusarium oxysporum* f. sp. *lycopersici* razas US 1 y 2. (Jasso Echeverria, Martinez Gamino, Chavez Vazquez, Ramirez Telles, & Garza Urbina, 2012)

El Cid F1-Harris Moran:

Esta planta destaca por su salud, precocidad y vigor, adaptándose muy bien a climas templados y mostrando excelentes resultados en invernadero, malla sombra y campo abierto. Produce un alto porcentaje de frutos extra grandes y grandes, ideales para el mercado de exportación, con una excelente vida útil en anaquel. Sus frutos, de un color rojo brillante, tienen paredes gruesas y son muy firmes, lo que los hace perfectos para envíos a larga distancia. Además, es resistente a *Verticilium albo-atrum, Verticilium dahliae, Fusarium oxysporum* f.sp. *lycopersici raza US* 1 y 2*, Meloidogyne arenaria, Meloidogyne incognita* y *Meloidogyne javanica.* (Jasso Echeverria, Martinez Gamino, Chavez Vazquez, Ramirez Telles, & Garza Urbina, 2012)

Sahel-Rogers. Saladette:

Este híbrido indeterminado es una planta robusta que ofrece altos rendimientos con frutos muy uniformes y de alta calidad. Los frutos tienen hombros suaves, brillo y firmeza durante toda la temporada, incluso en condiciones adversas. Son de tamaño extra grande a grande, con maduración intermedia, ideales para los mercados nacional y de exportación. La planta presenta alta resistencia y tolerancia a *Fusarium oxysporum* f.sp. *lycopersici* razas 1 y 2*, Fusarium oxysporum f.sp. radicis-lycopersici, Tomato Mosaic Virus, Verticilium* razas 1 y 2*, Stemphylium* y nematodos. (Jasso Echeverria, Martinez Gamino, Chavez Vazquez, Ramirez Telles, & Garza Urbina, 2012)

Huno F1-Harris Moran:

Este híbrido de tomate es muy versátil y se adapta bien a ciclos de cultivo tanto largos como cortos. Destaca por su vigor, que le permite mantener un tamaño de fruto grande incluso en las últimas etapas de la cosecha. Los tomates que produce tienen una larga vida útil después de ser cosechados, con paredes gruesas y maduración uniforme a color rojo. Es una excelente opción para cultivo en invernadero, bajo malla sombra o en campo abierto. Además, es resistente a diversas enfermedades y plagas, incluyendo el virus del mosaico del tomate, *Verticilium albo-atrum, Verticilium dahliae, meloidogyne arenaria, Meloidigyne incognita, Meloidogyne javanica,* y las razas 1, 2 y 3 de *Fusarium oxysporum* f. sp. *Lycopersici.* (Jasso Echeverria, Martinez Gamino, Chavez Vazquez, Ramirez Telles, & Garza Urbina, 2012)

Rafaello-Ahern:

Este tomate de crecimiento indeterminado es vigoroso y tiene una estructura de planta ligeramente abierta. Es de madurez temprana y altamente productivo, produciendo frutos grandes y extra grandes. Su forma es alargada y acorazonada, con paredes muy gruesas. Se recomienda su cultivo en invernadero, bajo malla sombra o en campo abierto. Además, muestra resistencia y/o tolerancia a enfermedades como *Verticilium* spp, *Fusarium oxisporum f.sp. lycopersici, Fusarium oxisporum* f.sp. *rdicis-lycopersici,* nematodos en general, Virus del Mosaico del Tomate, y Peca bacteriana. (Jasso Echeverria, Martinez Gamino, Chavez Vazquez, Ramirez Telles, & Garza Urbina, 2012)

Cuauhtémoc F1-Harris Moran:

Este tomate Saladette de crecimiento indeterminado produce frutos ovalados extra grandes con paredes gruesas y maduración uniforme. La planta es vigorosa, con una buena cobertura foliar y entrenudos de tamaño medio. Tiene una amplia adaptación a diferentes zonas y muestra una alta resistencia a enfermedades como *Verticilium albo-atrum, Verticilium dahliae, Fusarium oxisporum* f.sp. *lycopersici* razas US 1, 2 y 3*, Meloidogyne arena, Meloidigyne incognita, Meloidogyne javanica.* Además, tiene resistencia intermedia al Virus de la marchitez manchada y al Virus de las hojas amarillas en cuchara del tomate. (Jasso Echeverria, Martinez Gamino, Chavez Vazquez, Ramirez Telles, & Garza Urbina, 2012)

Moctezuma F1:

Este tomate Saladette de crecimiento indeterminado produce frutos de alta calidad y rendimiento, extra grandes, con excelente firmeza y larga vida útil después de la cosecha. Tiene una excelente producción de frutos incluso en condiciones de calor, con una planta vigorosa que comienza a producir temprano en la temporada. Presenta alta resistencia a enfermedades como

Verticilium albo-atrum, Verticilium dahliae, Fusarium oxisporum f.sp. *lycopersici* razas US 1, 2 y 3, *Cladosporium fulvum razas A, B, C, D, E, Meloidogyne arena, Meloidigyne incognita, Meloidogyne javanica* y Virus del mosaico del tomate. Además, muestra resistencia intermedia al Virus de la marchitez manchada y al Virus de las hojas amarillas en cuchara del tomate. (Jasso Echeverria, Martinez Gamino, Chavez Vazquez, Ramirez Telles, & Garza Urbina, 2012)

Fotografía 9 Plántula de jitomate en la primera etapa de crecimiento.

Fotografía 10 Planta de jitomate en la etapa previa a la floración.

<u>Estudio del caso: Entrevista con el Ingeniero de Oficio Sergio Hérnandez .</u>

En cuanto a las variedades, el productor Sergio Hernández trabaja con la siguientes: Agua miel, Portos, Prunaxx, Paipai, Súper optimo, Cedros y variedad de campo. Aparte que las trabaja en sus invernaderos de igual manera vende plántula a otros productores. La variedad más cara con la que él está trabajando en estos momentos es la semilla Rumindo, la cual cuesta $250 dólares el semillar, menciona que ellos lo manejan en dólares porque es en esta moneda en la que compran las semillas, como productores les influye mucho el precio del dólar ya que es la divisa en la que compran los insumos y venden el producto.

PRODUCCIÓN DE PLANTULA.

En la producción de hortalizas, especialmente en el cultivo de tomates, la etapa de producción de plántulas es crucial, ya que el éxito del cultivo depende en gran medida de la calidad de las plántulas trasplantadas. La forma más segura y eficiente de lograr plántulas de alta calidad es mediante el cultivo en invernadero. (Jasso Echeverria, Martinez Gamino, Chavez Vazquez, Ramirez Telles, & Garza Urbina, 2012)

Sustratos utilizados en la producción de plántulas.

Los sustratos más comúnmente utilizados están hechos a base de turba de musgo Sphagnum e incluyen:

- Sunshine Mix 1: que contiene turba de musgo Sphagnum, perlita, macro y micronutrientes, yeso, cal dolomítica y un agente humidificante.
- Sunshine Mix 2: compuesto por turba de musgo Sphagnum, perlita, yeso, cal dolomítica y un agente humidificante.
- Sunshine Mix 3: que incluye turba de musgo Sphagnum, vermiculita fina, yeso, cal dolomítica y un agente humidificante.

Otros sustratos populares son Germinaza Plus, Cosmo Peat, Sogemix, Promix, Terralite, perlita y sacos de lana de roca (Jasso Chaverria, Martinez Gamiño, Chavez Vazquez, Ramirez Tellez, & Garza, 2012).

Estudio del caso: Entrevista con el Ingeniero de Oficio Sergio Hérnandez .

El productor comenta que todos los sustratos listados arriba le han dado buenos resultados.

Bandejas para la producción de plántulas.

Se recomiendan las bandejas de 200 cavidades para cultivos como el chile y el jitomate, debido a que el tamaño de cada cavidad es ideal para contener la cantidad adecuada de sustrato, lo que resulta en plantas de alta calidad con vigor, salud y un buen sistema radicular. (Jasso Chaverria, Martinez Gamiño, Chavez Vazquez, Ramirez Tellez, & Garza, 2012)

Procedimientos para lavar y desinfectar bandejas:

- Mezclar 500 ml de Furadán 350 L (Carbofurán 33.21%) en 200 L de agua y añadir 300 g de Captan (Captán 50%) o Tecto 60 (Tiabendazol 60%).
- Combinar 500 ml de Furadán 350 L (Carbofurán 33.21%), 250 ml de Previcur (Propamocarb 64%) y 200 ml de Derosal 500 D (Carbendazim 43%) en 200 L de agua.
- Usar Hipoclorito de sodio al 2%.
- Aplicar vapor a entre 90-100 °C.
- Utilizar Anibac 580 (desinfectante) a una dosis de 1 L en 100 L de agua.
- Emplear Mect-5 (Microbicida), con una dosis de 500 a 1000 ml disueltos en 100 L de agua.
- Aplicar Virkon (Polvo de peroxígeno) como bactericida, fungicida, micobactericida, esporicida y viricida. La solución debe ser del 0.25-0.50% y se debe dejar actuar en las bandejas de 2 a 5 minutos.

(Jasso Chaverria, Martinez Gamiño, Chavez Vazquez, Ramirez Tellez, & Garza, 2012)

Estudio del caso: Entrevista con el Ingeniero de Oficio Sergio Hérnandez .

El productor recomienda de acuerdo su experiencia el hipoclorito de sodio al 2% para a desinfección de las charolas.

Prevención de plagas y enfermedades.

• Para prevenir problemas con vectores de virus, aplicar imidacloprid (Gaucho 70WS) a una proporción de un sobre de 35 g por cada medio kg de semilla.

• Para controlar el damping off, utilizar una mezcla de Propamocarb (Previcur N) y Carbendazim (Derosal 500 D), aplicando 1 ml de cada fungicida comercial por litro de agua. (Jasso Chaverria, Martinez Gamiño, Chavez Vazquez, Ramirez Tellez, & Garza, 2012)

Siembra.

1. Se humedece el sustrato con suficiente agua para alcanzar aproximadamente su capacidad de retención de agua, y luego se llena las charolas con este sustrato.

2. Una vez llenas las charolas, se presionan con un rodillo para marcar los orificios de siembra a una profundidad de 1.0 cm, que es la profundidad óptima para sembrar las semillas.

3. Se coloca una semilla en cada cavidad de la charola.

4. Se cubre la semilla con una capa de una mezcla compuesta por 3⁄4 de vermiculita y 1⁄4 de sustrato, o se puede usar vermiculita pura para garantizar una distribución uniforme de la humedad y prevenir la formación de algas en la superficie del sustrato. Luego, se riega hasta que el sustrato comience a liberar agua.

5. Las charolas se apilan en grupos de aproximadamente 10 y se cubren con plástico. En caso de tener una cámara de germinación, no es necesario cubrir las charolas con plástico.

6. Después de tres días, se revisan las charolas para observar el inicio de la germinación; se recomienda revisar la emergencia dos veces al día.

7. Cuando las primeras plántulas hayan emergido, se retira el plástico y se distribuyen las charolas sobre las mesas en el invernadero.

(Jasso Chaverria, Martinez Gamiño, Chavez Vazquez, Ramirez Tellez, & Garza, 2012)

Riegos.

El riego debe adaptarse al tipo de sustrato, al tamaño de la planta y al ambiente del invernadero. Por lo general, un riego diario es suficiente, pero en etapas avanzadas y en condiciones de alta temperatura, puede ser necesario aplicar dos riegos al día. Es importante mantener una humedad constante para las plántulas, asegurándose de que el sustrato permanezca cerca de su capacidad máxima de retención de agua. Según los expertos consultados, se debe evitar el uso de agua estancada, salina o con altos niveles de cloro (Cl) o sodio (Na) (Jasso Chaverria, Martinez Gamiño, Chavez Vazquez, Ramirez Tellez, & Garza, 2012)

Solución Nutritiva.

A partir de los 8 días después de que las plántulas hayan emergido, se debe aplicar una mezcla de 100 g de fosfonitrato, 75 g de 18-46-00 y 100 g de nitrato de potasio, disueltos en 200 L de agua, dos o tres veces por semana. (Jasso Chaverria, Martinez Gamiño, Chavez Vazquez, Ramirez Tellez, & Garza, 2012).

Edad de trasplante.

El trasplante se realiza cuando las plántulas alcanzan una altura de 10 a 12 cm y sus tallos tienen un diámetro superior a 0.5 cm. Esto suele ocurrir aproximadamente entre 30 y 35 días después de la siembra, aunque puede variar según las condiciones climáticas y el manejo. (Jasso Chaverria, Martinez Gamiño, Chavez Vazquez, Ramirez Tellez, & Garza, 2012).

Fotografía 11 Plántula injertada de Jitomate (Solanum lycopersicum) donde se logra apreciar el fdit.

Fotografía 12 Espacio adecuado para la producción de plántula en charolas en diferentes etapas de crecimiento.

<u>Estudio del caso: Entrevista con el Ingeniero de Oficio Sergio Hérnandez.</u>

Para la producción de plántula el productor mantiene una rigurosa inocuidad, debido al alto foco de infección que se encuentra en estos momentos en la región. Patógenos como el virus rugoso y enfermedades como clavibacter las cuales se transmiten por contacto. Él aplica la técnica hortícola por injerto, la cual es un método de propagación vegetativa de las plantas. Además del injerto también aplica la despuntada, y ese es el momento en el que la plántula se encuentra más susceptible a virus y enfermedades. Ellos tienen un lugar establecido para hacer estas prácticas, llamado cunero, es ahí donde hacen el corte y colocan el fdit para que detenga el injerto, se queda ahí unos días para que sane la plántula y después se pasa a malla sombra con 40 % luz. Antes de regar la planta se agrega una foliación de cobre (Cu), sulfato de cobre (CuSO4) o Gluconato de cobre (C12H22CuO14) con sales cuaternarias de cuarta o quinta generación, para el sellado y para que no entren bacterias al corte, después de este proceso ya pasa a sol y aquí es el momento en que comienza a regar porque la herida ya cerro. Él productor menciona que su germinación es tipo hidroponía ya que aplica fertilización y foliaciones. Para el sustrato de la plántula utiliza perlita y vermiculita.

El manejo de la plántula debe ser el correcto por el hecho que puede ser una pérdida para el dueño, ya que cada plántula cuesta $17 pesos mexicanos si es que se ven en la necesidad de comprarla debido a un mal manejo.

Fotografía 13 Señalamientos que se encuentran tanto en invernaderos como en bodega, que limitan la entrada a personas no autorizadas.

Fotografía 14 Herramientas desinfectadas listas para ser guardadas.

Fotografía 15 Charolas de germinación con semillas de jitomate (Solanum lycopersicum) resguardados de la luz, manteniendo una temperatura adecuada para una buena germinación.

PREPARACIÓN DEL SUELO

El objetivo es crear condiciones físicas ideales para que las plantas se establezcan y crezcan adecuadamente. La labranza primaria ha sido empleada tradicionalmente por dos razones principales: 1) eliminar la maleza y 2) crear un entorno físico propicio en el suelo para que las plántulas se desarrollen en un medio donde las raíces puedan obtener los nutrientes y el agua necesarios para su crecimiento y desarrollo. (Jasso Chaverria, Martinez Gamiño, Chavez Vazquez, Ramirez Tellez, & Garza, 2012) .

Época de preparación del suelo

Según los autores consultados, el momento más adecuado para realizar las labores de preparación del suelo es entre noviembre y febrero, ya que durante este período se puede aprovechar la humedad residual de los cultivos anteriores o la proveniente de las lluvias invernales. (Jasso Chaverria, Martinez Gamiño, Chavez Vazquez, Ramirez Tellez, & Garza, 2012)

Barbecho con multiarado

Los autores explican que, en la mayoría de los suelos del Altiplano y Zona Media del Estado, en el caso del documento consultado, San Luis Potosí, se puede llevar a cabo con éxito el barbecho utilizando un implemento llamado "multiarado". Este implemento forma parte de la labranza de conservación, ya que afloja el suelo de manera efectiva sin voltear las capas superficiales, sino rompiendo el suelo por debajo de la superficie y dejándolo en su posición original. Realizar el barbecho con multiarado ofrece varias ventajas importantes: 1) ayuda a mantener la estructura del suelo, 2) conserva la humedad, 3) permite preparar el suelo más rápidamente y 4) es más económico que usar un arado de discos. (Jasso Chaverria, Martinez Gamiño, Chavez Vazquez, Ramirez Tellez, & Garza, 2012).

Rastreo

Esta práctica consiste en desintegrar los terrones que quedan después de hacer el barbecho, y debe llevarse a cabo cuando el suelo esté lo suficientemente húmedo para que los terrones se deshagan. Dependiendo de la textura del suelo y de su nivel de humedad, puede ser necesario pasar la rastra dos veces para obtener una cama de trasplante de al menos 10 cm de tierra suelta, asegurando así que el acolchado se realice correctamente y evitando rasgar la película plástica. (Jasso Chaverria, Martinez Gamiño, Chavez Vazquez, Ramirez Tellez, & Garza, 2012)

Nivelación

Se lleva a cabo esta práctica con el fin de nivelar el terreno y eliminar pequeñas elevaciones y depresiones, lo que facilita las labores agrícolas posteriores, previene la acumulación de agua que puede favorecer enfermedades, y permite una mejor conducción y distribución uniforme del riego y los fertilizantes. (Jasso Chaverria, Martinez Gamiño, Chavez Vazquez, Ramirez Tellez, & Garza, 2012)

Trazo de camas

Esta práctica implica la creación de las camas donde se trasplantarán las plántulas de jitomate, recomendándose levantarlas a una altura de 25 a 40 cm. El encamado ayuda a mejorar el drenaje y la aireación del suelo, favoreciendo así el desarrollo de las raíces de la planta. Además, facilita la colocación de la película plástica sobre el suelo y aumenta la eficiencia en el uso del agua de riego. (Jasso Chaverria, Martinez Gamiño, Chavez Vazquez, Ramirez Tellez, & Garza, 2012)

Acolchado del suelo con películas plásticas

El acolchado es una técnica agrícola que implica colocar una película plástica sobre el suelo, de modo que la parte aérea de la planta quede por encima y las raíces por debajo de la película. Esta práctica crea un entorno propicio para el crecimiento de la planta, protege el suelo contra la erosión y reduce la necesidad de tareas como el deshierbe, ya que controla parcial o totalmente el crecimiento de malezas. Además, el acolchado ayuda a evitar la evaporación del agua del suelo. (Jasso Chaverria, Martinez Gamiño, Chavez Vazquez, Ramirez Tellez, & Garza, 2012)

Trasplante

El trasplante es el proceso de mover las plántulas desde el semillero hasta su ubicación final en el campo. Suele realizarse aproximadamente entre 30 y 35 días después de la siembra, dependiendo de la calidad y vigor de las plantas. Algunas consideraciones importantes a tener en cuenta según los autores consultados son las siguientes:

Se deben trasplantar plántulas que tengan cuatro hojas verdaderas, midan entre 10 y 15 cm de altura y tengan un diámetro superior a 0.5 cm.

Es preferible realizar el trasplante en horas de la mañana.

Regar las charolas con las plántulas dos o tres horas antes del trasplante para facilitar la extracción sin dañar las raíces y para asegurar que las plantas lleguen al lugar definitivo con suficiente humedad.

Trasplantar plantas uniformes, sanas, con hojas bien desarrolladas de color verde y erguidas.

Las plantas listas para el trasplante deben tener un sistema de raíces bien desarrollado que mantenga el sustrato unido y evite que se desmorone al sacar la plántula de la bandeja.

Las plántulas preparadas para el trasplante deben tener raíces blancas y delgadas que ocupen toda la celda de arriba abajo.

(Jasso Chaverria, Martinez Gamiño, Chavez Vazquez, Ramirez Tellez, & Garza, 2012)

Densidad de plantación y arreglo espacial

La cantidad de plantas por metro cuadrado y por hectárea es un factor clave para determinar el rendimiento y la calidad de los frutos. Se han obtenido los mejores resultados utilizando camas de 1.6 m de ancho y trasplantando en camas a doble hilera en zigzag, con una distancia de 20 cm entre plantas. Esta configuración establece una densidad de 3.1 plantas por metro cuadrado, equivalente a 31,250 plantas por hectárea. La densidad de plantas puede variar según el híbrido y el objetivo de la producción. (Jasso Chaverria, Martinez Gamiño, Chavez Vazquez, Ramirez Tellez, & Garza, 2012)

<u>Estudio del caso: Entrevista con el Ingeniero de Oficio Sergio Hérnandez.</u>

Para la preparación de las camas el señor Señor Hernández prefiere que se realice a mano. Con ayuda de dos estacas y una rafia se van guiando para que las camas queden derechas.

La variedad del campo de tomate es una innovación de este productor, esta variedad crece como un arbusto y no se enreda, tiene una duración de 3 meses de vida, con racimos de 7 flores dando aproximadamente en ciclo corto 30 kilos y en ciclo largo 100 kilos por planta. La densidad de plantación es 17 mil plantas por invernadero, la distancia entre plantas es de 50 cm para permitir la oxigenación de la planta, mayor luminosidad y así propiciar una mayor fotosíntesis para que no exista competencia entre las mismas plantas. La nave a la que nos dirigimos es de 6,000m^2, dejando a la semana un rendimiento del cultivo de 2 camiones torton (17 toneladas por camión aproximadamente), recuperando lo invertido en la mano de obra y los insumos que son lo más caro del proceso.

Fotografía 16 Preparación del terreno dentro del invernadero.

Fotografía 17 Interior del invernadero con planta variedad del campo.

RIEGO

El manejo adecuado del agua de riego es crucial para aumentar los rendimientos y obtener cosechas de alta calidad. Debido a su escasez, es fundamental gestionar este recurso de manera eficiente para optimizar su uso. Los sistemas de riego localizado de alta frecuencia, como el riego por goteo, son una excelente opción para lograr esta eficiencia. Estos sistemas se caracterizan por dos aspectos principales: la localización precisa del agua y la aplicación frecuente de riegos. (Jasso Chaverria, Martinez Gamiño, Chavez Vazquez, Ramirez Tellez, & Garza, 2012)

Cabezal de riego

Este sistema está compuesto principalmente por una bomba de agua, que puede ser centrifuga o sumergible según la fuente de agua, filtros (de arena, malla o anillas), un fertirrigador o inyectores para la solución nutritiva, un temporizador, manómetros, válvulas solenoides y otros accesorios según el nivel de tecnología del sistema.(Jasso Chaverria, Martinez Gamiño, Chavez Vazquez, Ramirez Tellez, & Garza, 2012)

Colocación de cintilla.

Es recomendable colocar la cinta de riego por goteo en la superficie del suelo para evitar que las sales se acumulen cerca de las raíces. El lado de la cinta con los goteros debe quedar hacia arriba para prevenir obstrucciones, ya sea por impurezas en el agua o residuos de fertilizantes. (Jasso Chaverria, Martinez Gamiño, Chavez Vazquez, Ramirez Tellez, & Garza, 2012)

Frecuencia en intensidad del riego.

Es necesario realizar un riego que puede durar entre 1.5 a 2 horas antes de realizar el trasplante. Después, es fundamental instalar tensiómetros o sensores de humedad en el bulbo húmedo o la zona de raíces para determinar la cantidad y el momento adecuado para el riego. (Jasso Chaverria, Martinez Gamiño, Chavez Vazquez, Ramirez Tellez, & Garza, 2012)

<u>Estudio del caso: Entrevista con el Ingeniero de Oficio Sergio Hérnandez</u> .

En esta temporada del año, actualmente en el mes de marzo, el productor aplica el riego por la mañana antes de las 10:00 am con un riego pesado. Para el riego se divide el invernadero en 2 secciones, cada sección se demora 20 minutos en ser regada y se aplica a 45,000 m2, con un promedio de 11,200 litros de agua. Su método de riego es el riego por goteo con una bomba de 7.5 caballos de fuerza que alimenta a 3 invernaderos de 1 hectárea 300 m2.

El riego es realizado con agua de pozo y las hoyas se encuentran cubiertas para cumplir con los requisitos de inocuidad que se les indica para poder exportar al extranjero, lo único que se encuentra al aire libre son las canaletas y las compuertas.

Fotografía 18 Canaletas donde circula el agua hacia los invernaderos para el riego.

ENTUTORADO

Es una técnica esencial para el cultivo de tomate, especialmente en condiciones protegidas y cuando la planta tiene un crecimiento indeterminado. Consiste en utilizar una serie de estructuras metálicas que incluyen alambre galvanizado calibre 10, ganchos, anillos para guías y rafia. La estructura debe tener una altura de aproximadamente 2.5 m sobre el suelo y estar construida con tubería de acero galvanizado de 2 pulgadas de diámetro. En la parte superior de los tubos se coloca un alambre calibre 10 para sujetar los ganchos que guiarán el crecimiento de la planta. La rafia y los anillos de plástico se utilizan para sostener las plantas en esta estructura. (Jasso Chaverria, Martinez Gamiño, Chavez Vazquez, Ramirez Tellez, & Garza, 2012)

PODA

La poda es una técnica agrícola empleada para promover el equilibrio y la vitalidad de las plantas. También se busca evitar que los frutos queden escondidos entre las hojas, asegurando que estén bien ventilados y libres de humedad. Es importante no excederse en la poda, ya que un exceso de exposición solar puede dañar la calidad de los frutos, fenómeno conocido como "golpe de sol". (Jasso Chaverria, Martinez Gamiño, Chavez Vazquez, Ramirez Tellez, & Garza, 2012)

Poda de brotes laterales:

Esta tarea implica quitar a mano los brotes que crecen en la base de las axilas de las hojas del tallo principal, realizándose cuando estos brotes alcanzan una longitud de entre 3 y 5 cm. (Jasso Chaverria, Martinez Gamiño, Chavez Vazquez, Ramirez Tellez, & Garza, 2012)

Poda de hojas:

Esta práctica implica la eliminación de hojas maduras y, si es necesario, de hojas que aún están realizando fotosíntesis. Se comienza eliminando las hojas más viejas y se recomienda eliminar entre dos y tres hojas por semana, ya sea de forma manual o utilizando tijeras desinfectadas. (Jasso Chaverria, Martinez Gamiño, Chavez Vazquez, Ramirez Tellez, & Garza, 2012)

Poda de frutos:

Se lleva a cabo con el fin de uniformar y aumentar el tamaño de los frutos, así como de mejorar su calidad comercial. Esta práctica implica quitar frutos inmaduros, mal posicionados, dañados por insectos, deformes o de tamaño pequeño. (Jasso Chaverria, Martinez Gamiño, Chavez Vazquez, Ramirez Tellez, & Garza, 2012)

Poda de ápices o despunte:

Esta técnica implica la eliminación de la yema terminal en las plantas para detener su crecimiento. Se recomienda dejar de dos a tres hojas arriba del último racimo. Su objetivo es controlar el número de racimos y la duración del ciclo de producción, además de planificar los siguientes ciclos. Se realiza una vez que se ha determinado el número de racimos por planta que se desea cosechar. (Jasso Chaverria, Martinez Gamiño, Chavez Vazquez, Ramirez Tellez, & Garza, 2012)

Fotografía 19 Interior del invernadero con cultivo de jitomate (Solanum lycopersicum) variedad del campo.

POLINIZACIÓN

La polinización es el proceso mediante el cual el polen se traslada desde los estambres hasta el estigma de la flor. Esta transferencia se realiza principalmente por el viento y los insectos. (Jasso Chaverria, Martinez Gamiño, Chavez Vazquez, Ramirez Tellez, & Garza, 2012) Principalmente se utiliza:

Polinización con abejorros:

Un simple movimiento de la flor puede hacer que el polen de los estambres se deposite en el estigma, logrando así la polinización. Los abejorros son expertos en este proceso: se cuelgan boca abajo de la flor, muerden los estambres con sus mandíbulas y luego activan los músculos de vuelo para hacer vibrar la flor, lo que provoca la caída del polen en el pistilo y asegura una polinización efectiva. (Jasso Chaverria, Martinez Gamiño, Chavez Vazquez, Ramirez Tellez, & Garza, 2012)

Polinización con sopladores:

Se trata de inducir movimiento en las inflorescencias mediante un chorro de aire a presión, utilizando aspersoras mecánicas que funcionan con un pequeño motor de combustión interna que se alimenta con gasolina u otro combustible. Este proceso permite que el polen se desprenda de los estambres y se deposite en el estigma de la flor. (Jasso Chaverria, Martinez Gamiño, Chavez Vazquez, Ramirez Tellez, & Garza, 2012)

<u>Estudio del caso: Entrevista con el Ingeniero de Oficio Sergio Hérnandez .</u>

El productor si utiliza abejorros, pero cuando la planta es muy chica no gastan en ellos, porque además de ser caros su ciclo de vida es de 3 meses. Asi que optan por utilizar sopladoras de motor de 2 tiempos para polinizar en lugar de utilizar abejorros. Ellos estando en el invernadero prenden la sopladora y van moviendo las flores para que haya polinización por anemofilia.

Fotografía 20 Sopladoras utilizadas para la polinización.

PLAGAS Y MANEJO

La producción de tomate bajo agricultura protegida enfrenta numerosas plagas que pueden reducir significativamente los rendimientos e incluso causar pérdidas totales. Por lo tanto, es crucial gestionar adecuadamente estas plagas para alcanzar los niveles de rendimiento deseados. El Manejo Integrado de Plagas (MIP) se basa en mantener el equilibrio del agroecosistema, intentando mantener las poblaciones de plagas en niveles que no causen daños económicos. Este enfoque utiliza una variedad de estrategias, incluidos métodos culturales, mecánicos, físicos, biológicos y químicos, con el objetivo de armonizar con las poblaciones naturales de insectos en lugar de destruirlas y evitar desequilibrios. (Jasso Chaverria, Martinez Gamiño, Chavez Vazquez, Ramirez Tellez, & Garza, 2012).

Algunos ejemplos son:

Control cultural:

Implica la eliminación oportuna de plantas que han completado su ciclo vegetativo para evitar la propagación de plagas y enfermedades.

Rotación de cultivos:

Es esencial alternar cultivos de diferentes familias para prevenir la proliferación de plagas y enfermedades.

Eliminación de plantas hospederas:

Consiste en quitar las plantas que sirven como hábitat para los insectos antes de sembrar el cultivo deseado.

Fertilización balanceada:

Una nutrición adecuada fortalece las plantas, haciéndolas más resistentes a las plagas y enfermedades.

Uso de barreras vivas:

Consiste en plantar árboles para proteger el cultivo de los insectos plaga.

Control mecánico:

Incluye el uso de trampas y la eliminación manual de plantas enfermas.

Control físico:

Implica la utilización de mallas protectoras contra insectos.

Control biológico:

Implica el uso de patógenos, parásitos y depredadores para controlar las plagas, así como feromonas para interrumpir su reproducción.

Control químico:

Se reserva como último recurso y debe realizarse con productos autorizados y efectivos, que no dañen a los insectos benéficos. Es esencial monitorear regularmente las plagas y enfermedades, así como la calidad de las aplicaciones.

Se debe considerar el umbral de daño económico, la intensidad del daño y la etapa de crecimiento de la planta. Se deben usar aditivos para mejorar la calidad de las aplicaciones y rotar los productos químicos para prevenir la resistencia. (Jasso Chaverria, Martinez Gamiño, Chavez Vazquez, Ramirez Tellez, & Garza, 2012)

<u>Estudio del caso: Entrevista con el Ingeniero de Oficio Sergio Hérnandez .</u>

En estos invernaderos las plagas que se han presentado son mosca negra y blanca, así como algunos nematodos, para su control se utilizan insecticidas, así como caldos biológicos que son preparados ahí mismo en los invernaderos, y se aplican de manera directa al suelo y foliar, utilizando 200 litros por hectárea.

Su preparación está compuesta por: 10 litros de leche bronca, 500gramos de miel pura, 3 bacterias (Double nickel 1.5 litros, maya magic 1.5 litros y Microsime 1.5), también se le incorpora un insecticida biológico llamado GLUMIX IRRIGATION (compuesto a base de un consorcio de hongos micorrízicos arbusculares), NATUCONTROL (Trichoderma harzianum) y hongos llamados arrecifes, esto se prepara y se deja reposar con una bomba de aire para que se procreen y no haya competencia entre las 3 bacterias. La reacción de estas bacterias cuando entran en contacto con el suelo, es que las bacterias benéficas luchan contra las patógenas.

La aplicación de este caldo biológico se realiza cada sábado durante 1 año, en el suelo y foliar, pero en el caso de la aplicación que va al suelo, se divide cada semana, en una semana se agrega el caldo biológico con enraizadores, la segunda semana caldo biológico con namáticida, la tercera semana caldo biológico con enraizador para raíces secundarias y la cuarta semana se agrega caldo biológico con namáticida adulticida, esto se aplica asi porque no hay productos que ataquen a ambas etapas de la plaga.

Fotografía 21 Interior del invernadero donde se logra apreciar las camas con el cultivo ya establecido.

ENFERMEDADES

El cultivo del jitomate es susceptible a una amplia variedad de patógenos, incluyendo bacterias, hongos, virus y nematodos. Si no se previenen o tratan a tiempo, estas enfermedades pueden causar daños graves e incluso la pérdida total de la cosecha. La clave para controlar estas enfermedades radica en realizar un muestreo adecuado, implementar medidas preventivas y aplicar métodos de control efectivos.

<u>Estudio del caso: Entrevista con el Ingeniero de Oficio Sergio Hérnandez .</u>

Como se viene mencionando con anterioridad, el cultivo debe tener rigurosa inocuidad porque es para exportación, se debe pensar en todas las probabilidades para que no se cometan errores. Para evitar el acceso de patógenos a la hora de la entrada se han implementado tapetes de cal para una mayor higiene.

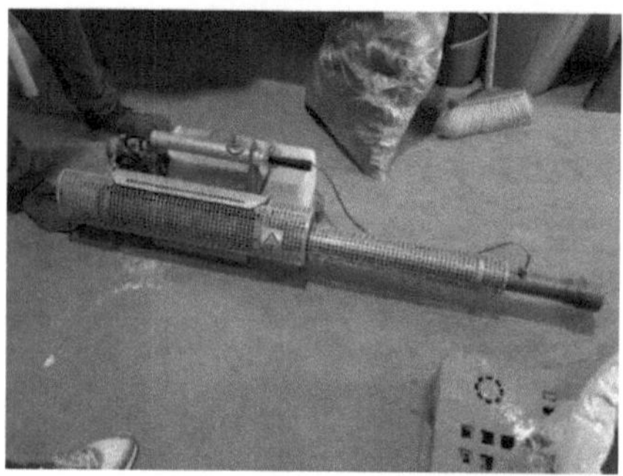

Fotografía 22 Termo nebulizadora.

Fotografía 23 Tapete sanitario a base de cal en la entrada de cada invernadero.

EL productor Sergio Hernández nos comenta que para los nematodos que son un tipo de agallas en las raíces utilizan NIMITZ con Abamectina como ingrediente activo. Este presenta sellado con etiqueta roja debido a lo fuerte que es, y tiene un efecto residual, por lo que no pueden cosechar durante 14 días, ya que es perjudicial para la salud humana. Los productos o ingredientes que más utilizan para combatir plagas y enfermedades son los siguientes: para mancha bacteriana utilizan KASUMIN con ingrediente activo Kasugamicina, otra enfermedad presente es la cenicilla y utilizan Tebuconazol como ingrediente activo, Pyrimethanil para combatir Pythium, Verticillum, todos los mencionados son fungicidas y de insecticidas el principal es Abamectina como ingrediente activo, Gluconato de cobre, piriproxifeno para ninfa de mosca blanca, dimetoato con Abamectina, además de que cuentan con termo nebulizadoras las cuales utilizan el calor para crear la niebla de fumigación y esa generación de niebla tiene varias ventajas en el *control de plagas,* como mayor penetración de la sustancia activa, mayor alcance en menor tiempo y la cantidad de producto que se utiliza es menor porque es más eficiente.

COSECHA

Los frutos de jitomate deben ser recolectados cuando han alcanzado su madurez fisiológica. La recolección suele comenzar entre 75 y 80 días después del trasplante, dependiendo del tipo de planta; se recomienda realizar cortes cada 5 a 7 días. La madurez de los frutos al momento de la cosecha varía según su destino y mercado. Para la industria de transformación, se prefieren frutos completamente maduros; para el mercado local, se aceptan frutos rojos, pero no completamente maduros. En el caso de la exportación, se busca una maduración ligeramente avanzada, determinada por la distancia y el tiempo de transporte hasta el destino final. (Jasso Chaverria, Martinez Gamiño, Chavez Vazquez, Ramirez Tellez, & Garza, 2012)

<u>Estudio del caso: Entrevista con el Ingeniero de Oficio Sergio Hérnandez .</u>

A la hora de cosechar el cultivo para exportación no se corta complemente maduro, se corta y se envía en cuarto tono. Y para la cosecha utilizan personas con zancos para mayor rapidez y que no maltraten la planta.

ANÁLISIS FINANCIERO

La información que consultamos nos ayuda a conocer más acerca de la producción de jitomate en condiciones protegidas, se trata de un manual de agosto de 2012 realizado por la Secretaría de Agricultura, Ganadería, Desarrollo Rural, Pesca y Alimentación (SAGARPA) y del Instituto de Investigaciones Forestales, Agrícolas y Pecuarias (INIFAP).

Según los expertos consultados, el uso correcto de la tecnología en la producción de jitomate en condiciones protegidas ha resultado en rendimientos comerciales de hasta 30 kg por metro cuadrado para jitomate tipo Saladette. Además, esta tecnología ha facilitado la obtención de frutos de alta calidad para los mercados nacional y de exportación, al tiempo que mejora la eficiencia en el uso del agua y los fertilizantes. (Jasso Chaverria, Martinez Gamiño, Chavez Vazquez, Ramirez Tellez, & Garza, 2012)

El grado de marginación de los municipios de la región de estudio oscila de muy bajo a alto, lo cual indica que es muy heterogénea en cuanto al desarrollo social económico (Conapo, 2015)

Con relación a la población ocupada en 2015, Tulancingo de Bravo es el más importante con 64,821 individuos laborando, de los cuales 67.71% se encuentran en el sector terciario, seguido del primario (26.53%) (INEGI, 2017)

Según la información recopilada de entrevistas y análisis personal, se concluye que la producción de jitomate en invernadero en el Valle de Tulancingo es rentable. Estudios en las Unidades Cooperativas Productoras de Jitomate indican que esta forma de producción ha facilitado la construcción de invernaderos, la adquisición de insumos, la disponibilidad de terrenos y el pago de mano de obra en diferentes ciclos de producción. Esto representa una oportunidad real para productores con recursos limitados en áreas marginadas. Además, esta actividad genera empleo local y contribuye a la seguridad alimentaria de México. (Terrones Cordero y. C., 2020)

<u>Estudio del caso: Entrevista con el Ingeniero de Oficio Sergio Hérnandez .</u>

El productor Sergio Hernández, ingeniero de profesión nos comenta: "Si se quieren buenos resultados, hay que invertir en buenas semillas o plántulas, insumos y en mano de obra capacitada. De igual manera en el consumo de calentadores y el uso de implementos."

"La ventaja de exportar es que los comercializadores te toman toda la producción, pero la desventaja es que tardan más de 15 días en pagar, aparte si en alguno de los análisis sale que tu producto está infectado, se regresa todo el cargamento y el producto se termina de madurar en el traslado de vuelta, por lo que baja el precio, en algunos casos ha llegado a haber pérdidas de hasta un millón y medio de pesos."

La información de la tabla siguiente nos ayuda a comparar la información de primera mano que nos aportó el productor, es de un documento del año 2011. En el transcurso del año pasado desde marzo del 2022, por diversos factores políticos globales, los precios de los fertilizantes y otros agroinsumos han subido, lo cual afecta a su vez las ganancias de los productores. Se han adaptado buscando otras estrategias, por ejemplo, diversificando los cultivos para tener una mayor variedad en caso de que los precios de los insumos sean altos y los del cultivo sean bajos. Así poder amortiguar un poco la pérdida. Lo que nos comenta el productor, Sergio Hernández, antes no era así.

El hecho de contar con la certificación por inocuidad da un valor agregado al producto, en comparación con el artículo que consultamos, existe un mayor beneficio económico al poder exportar la producción ya sea a Canadá o Estados Unidos.

Cuadro 2. Estructura de costos de la producción de jitomate del Proyecto 1, por ciclo.

Concepto	Cantidad	Costo unitario (pesos)	Costo total (pesos)
Inversión inicial			$98 000.00
Pago al capital[1]		$95 000	95 000
Renta del terreno		3 000.00	3 000.00
Siembra			42 850.00
Tezontle	17 viajes	1 500.00	25 500.00
Semilla		16 000.00	16 000.00
Jornales (siembra y trasplante)	9	150.00	1 350.00
Fertilización			56 256.00
Nitrato de calcio	1 628 kg.	12.00	19 536.00
Nitrato de potasio	528 kg.	12.00	6 336.00
Sulfato de potasio	528 kg.	12.00	6 336.00
Magnesio	1 760 kg.	8.00	14 080.00
Mono potásico	280 kg.	35.60	9 968.00
Pesticidas/fungicidas			6 608.00
Cursate	11.2 kg.	400.00	4 480.00
Enducar	5.6 litros	380.00	2 128.00
Riego	8 meses	100.00	800.00
Cosecha			9 600.00
Jornales	64	150.00	9 600.00
Pos cosecha			7 200.00
Desinfectar terreno (bunega)	40 litros	80.00	3 200.00
Reparación de naves			4 000.00
Luz eléctrica	8 meses	150.00	1 200.00
Comercialización			15 000.00
Transporte	30 viajes	500.00	15 000.00
Trabajador permanente	208 días	200.00	41 600.00
Costo total			$279 114.00

[1] Se considera un 10% del costo total de construcción del invernadero.

Cuadro 6 Costos de la producción del jitomate (Solanum lycopersicum). (Terrones Cordero & Sanchez Torres, 2011)

ENTREVISTA AL INGENIERO ENRIQUE SÁNCHEZ VELA

El siguiente apartado se basa en una entrevista realizada al ingeniero de profesión Enrique Sánchez Vela egresado del Instituto de Ciencias Agropecuarias (ICAp) de la Universidad Autónoma del Estado de Hidalgo (UAEH), originario de San Pedro Tlachichilco, municipio de Acaxochitlan, Hidalgo. El ingeniero Sánchez Vela cuenta con el conocimiento de impartir asesorías en su localidad y fuera de ella por aproximadamente 2 años y medio, así como con experiencia laboral de 4 años produciendo jitomate (Solanum lycopersicum).

El objetivo de la primera entrevista es tener un marco de referencia y ampliar la información de la literatura, con el conocimiento teórico y práctico que el ingeniero de oficio Sergio Hernández cuenta a través de sus años mas de siete de experiencia en este rubro.

En esta segunda entrevista con el ingeniero Enrique Sánchez, se comenzó hablando de su trayectoria y experiencia, seguido de eso nos platicó sobre el cultivo de jitomate y el manejo que él utiliza. Esperamos que sea de su agrado.

El ingeniero Sánchez, utiliza la variedad F1 certificada, él no utiliza la propagación por esqueje, en su lugar opta por utilizar planta franca, la cual obtiene con un ingeniero especializado en germinación.

Seguido de la germinación espera a que la planta este madura y se trasplanta, esto dependiendo de la fecha, el ingeniero comenta que los meses en que se manda a germinar es entre febrero y marzo, pero se debe enviar un mes antes debido a los cambios de temperaturas (las altas o bajas) del lugar.

El ingeniero también menciona algunas ventajas y desventajas acerca de las plantas francas y el injerto. La planta franca es propensa a los problemas de raíz, por ende, no tiene un buen anclaje y no puede obtener fácilmente los nutrientes, de igual manera es más susceptible al ataque de hongos, suele estresarse más a la hora de bajar planta, al contrario de una planta injertada.

El injerto suele ser más rústico y por esta razón el injerto es una mejor opción, pero en costos es 4 veces más que la planta franca y con la experiencia que tiene el ingeniero menciona que no todos los productores cuentan con los recursos suficientes para costearlo.

En las soluciones de nutrición el ingeniero trabaja de 2 maneras: análisis de suelo y extracto chupa tubos donde menciona que es prácticamente lo mismo, solo que el análisis de suelo se hace cada que comienza un ciclo y el extracto chupa tubos es intercalado 3 veces durante todo el periodo del cultivo, y es donde se monitorean de qué manera la planta se está nutriendo.

Después de la fertilización, está el riego, en esta parte acentúa que es un método muy empírico ya que cada suelo es diferente, cada uno tiene diferente retención y absorción, pero con la tecnología con la que se cuenta ahora en los invernaderos se puede implementar diferentes tipos de riego, desde el básico, que es el riego con cintilla, hasta el medio que es con manguera auto compensable, este último es el que más recomienda el ingeniero porque se logra una mayor uniformidad de riego, y por ende no se va a drenar por los desniveles del terreno.

El riego preferido por el ingeniero Sánchez es hacerlo diario con fertilización en cortos lapsos, dependiendo del requerimiento hídrico de la planta. Todo lo planteado en este anexo son recomendaciones que el ingeniero hace en base a su experiencia.

Así mismo hace hincapié en las soluciones de concentración madre, y estas dependiendo de la tecnología con la que cuente el productor, se pueden hacer en las concentraciones que sean requeridas para el cultivo.

En cuanto a las plagas nos comenta que el moho gris (Botrytis cinerea), tizón tardío (Phytophthora infestans), cenicilla (Leveillula taurica) son los más comunes en el cultivo, y para combatirlos utiliza diferentes plaguicidas, el ingeniero comenta sobre algunos productos comerciales como 'Botran' cuyo ingrediente activo es 'dicloran', el productor hace mención que switch de la casa 'Syngenta' en su experiencia es uno de los mejores fungicidas contra Botrytys, y este hongo no se presenta de una manera, si no de distintas, tanto en flor, fruto y tallo, es aquí donde se debe visualizar y saber dónde se encuentra el hongo para optar por un fungicida adecuado, el ingeniero hace la recomendación de usar 'Scala' un fungicida sistémico local de aplicación foliar para Botrytys en flor, este hongo en flor es un problema muy grande porque baja los rendimientos considerablemente. En cuanto a bacterias nos menciona el cáncer bacteriano que es causado por la bacteria Clavibacter michiganensis subsp. Michiganensis.

Sobre nematodos nos recalca que son un problema grande en el cultivo ya que cuesta mucho trabajo erradicarlos por completo y muchas veces solo se combaten. Él utiliza productos biológicos de la marca INNOVAK GLOBAL que tiene muy buenos nematicidas, el ingeniero alude que hace un manejo integrado entre el manejo químico del grupo BAYER y el manejo integral de INNOVAK.

Hablando con el ingeniero nos hace referencia que la plaga que más ataca el jitomate es la mosquita blanca y para su control es bueno utilizar productos de amplio espectro, pero siempre dependiendo del tipo de polinización, ya que se pueden afectar a los insectos benéficos.

Para la polinización el ingeniero no está del todo conforme en utilizar sopladoras, porque no todo el tiempo está disponible el polen y no siempre los empleados se acordarán de pasar con ellas en el momento adecuado, en cambio utilizar abejorros garantiza una buena polinización y ahorro en tiempo. "El tiempo es dinero" nos comenta el ingeniero.

En la preparación del suelo se utiliza la maquinaria agrícola, como ya se menciona anteriormente, el ingeniero indica que es preferible utilizar la mano de obra para hacer camas, incluso si es más costoso ya que por este método las camas quedan más proporcionales.

Para la desinfección de suelos, herramientas y lavado de estructura se opta por glutaraldehído al 50% o sales cuaternarias de cuarta generación, el ingeniero Sánchez Vela las recomienda ya que en su experiencia "son las que mejores resultados han dado implementado con termonebulizadora".

También se hace hincapié en los productos de INNOVAK GLOBAL, desde sus nematicidas hasta sus microorganismos benéficos, tanto hongos y bacterias. Recomendando siempre hacer un manejo integral, de químico con biológicos y restauración de suelos siempre intentando hacer el menor daño posible a la tierra, recurso indispensable para brindar alimento para la población.

Otra recomendación muy importante del ingeniero es siempre aplicar preventivos, porque van a salir más barato que corregir la enfermedad o plagas ya establecidas.

Por último y a manera de conclusión el ingeniero Enrique Sánchez Vela nos comenta:

"Siendo un Ingeniero Agrónomo te percatas que no eres experto en nada, cada uno de los diferentes ámbitos que conforma el trabajo de campo de un agrónomo es muy amplio, además te encuentras con varias problemáticas como, por ejemplo, que ni el productor ni el ingeniero son los que deciden el precio de su producto, sino que el mercado o a veces el cliente es quien lo hace y uno se debe atener a eso".

Fotografía 24 En medio, Ingeniero en Agronomía para la Producción Sustentable Enrique Sánchez Vela. A los costados, Estudiantes de Ingeniería en Agronomía para la Producción Sustentable: Miguel Toriz González y Evelin Suarez Ramírez

Fotografía 25 Invernaderos a cargo del Ingeniero Enrique Sánchez Vela.

Fotografía 26 Cultivo de Jitomate que trabaja el ingeniero Sánchez Vela.

Fotografía 27 Invernadero con cultivo de Jitomate.

BIBLIOGRAFÍA

Delices, G., Leyva Ovalle, O. R., Mota-Vergas, C., Nuñez Pastrana, R., Gamez Pastrana, R., Andres Meza, P., & Serna-Lagunes, R. (2019). Biogeografía del tomate Solanum lycopersicum var. cerasiforme (Solanaceae) en su centro de origen (sur de América) y de domesticación (México). *Revista de Biologóa Tropical.*

INEGI. (2017). *Anuario Estadístico y geográfico de Hidalgo 2017.* Instituto Nacional de Estadística y Geográfica. México: Instituto Nacional de Estadística y Geografía. .

Jasso Chaverria, C., Martinez Gamiño, M. A., Chavez Vazquez, J. R., Ramirez Tellez, J. A., & Garza, E. (2012). *Guía para cultivar jitomate en condiciones de malla sombra en San Luis Potosí.* San Luis Potosí: SAGARPA.

Jasso Echeverria, C., Martinez Gamino, M. A., Chavez Vazquez, J. R., Ramirez Telles, J. A., & Garza Urbina, E. (2012). *Guía para Cultiva Tomate en Condiciones de Malla Sombra en San Luís Potosí.* San Luís Potosí: INIFAP.

López Marín, L. M. (2017). *Manual Técnico del Cultivo de Tomate(Solanum Lycopersicum).* San José, Costa Rica: INTA.

Medina Castañeda, O. E. (2013). *Propagación in vitro y cultivo en invernadero de variedades exóticas de jitomate".* Aguascalientes, Ags.: Universidad Autónoma de Aguascalientes.

Secretaria de Agricultura y Desarrollo Rural. (2021). *Escenario mensual de productos agroalimentarios.* Servicio de Información Agroalimentaria y Pesquera.

SENASICA; Servicio Nacional de Sanidad, Inocuidad y Calidad Agroalimentaria. (14 de Diciembre de 2016). *Agricultura Protegida.* Obtenido de Gobierno de México: https://www.gob.mx/senasica/articulos/conoce-que-es-la-agricultura-protegida?idiom=es

Terrones Cordero, A., & Sanchez Torres, Y. (2011). Análisis de la rentabilidad económica de la producción de jitomate bajo invernadero, en Acaxochitlán, Hidalgo. *Revista Mexicana de Agronegocios,* 752- 761.

Terrones Cordero, y. C. (2020). Rentabilidad Económica de la Producción de Jitomate en Valle de Tulancingo, Hidalgo, México: 2018-2019. *Revista Mexicana de Agronegocios,* 595-606.

ANEXO

Cuestionario:

¿Nos podría decir por favor su nombre y edad por favor?

¿Cuánto tiempo lleva trabajando este invernadero?

¿Desde cuándo se dedica usted a la agricultura?

¿Desde cuándo se dedica al cultivo del Jitomate?

¿Por qué eligió el cultivo de jitomate?

¿Q ue variedad de jitomate maneja?

¿Considera que este cultivo tiene competencia en el mercado? ¿por qué?

¿Aspectos positivos y negativos de este cultivo que usted considere?

¿Cuáles son los meses donde mejores resultados se presentan en este cultivo?

¿Cuáles son los factores que usted considera pueden afectar el rendimiento del cultivo? (plagas, mal riego, etc.)

¿Cuáles son las estrategias que maneja para reducir el riesgo de cultivo? (sanitizar, preventivos)

¿Cómo se ve perjudicado el cultivo por las plagas?

¿Cuáles son las principales plagas que ha podido identificar que afecten a su cultivo? ya sean insectos, hongos u otros.

¿Qué plaguicidas ocupan para combatirlas?

¿Utiliza productos orgánicos?

¿Produce usted su plántula desde la semilla?

¿Usted ha utilizado semillas transgénicas?

¿Qué procesos lleva el cultivo desde la siembra hasta la cosecha?

¿Cuántos kilos aproximadamente produce cada planta?

¿En dónde consigue su plántula o semilla?

¿Cuál es el tiempo de vida de la planta?

¿Cuánto tiempo de vida tiene el producto cosechado?

¿Utiliza polinizadores?

¿Qué medidas tiene su invernadero?

¿Cuando construyó el invernadero ya sabía a qué cultivo se iba a dedicar?

¿Cuáles considera son las principales herramientas que se deben tener en un invernadero?

¿Su mercado se encuentra aquí en Tulancingo?

SI LA RESPUESTA ANTERIOR ES AFIRMATIVA

¿Quién es su principal comprador?

A la hora de la distribución, ¿ha llegado a tener problemas con el proveedor?

¿Cuáles son los problemas que enfrenta con el proveedor?

¿Cuántas personas tiene a cargo del invernadero?

¿El riego lo hacen por la mañana o por la tarde?

¿Cuáles son los principales fertilizantes que ocupa para el cultivo de jitomate?

¿Ha tenido problema para encontrar fertilizantes en la zona?

¿El agua que ocupa para riego es de la toma o compra pipas?

¿En su invernadero cuenta con apoyos financieros? ya sean gubernamentales o bancarios?

CAPÍTULO 2 "CULTIVO DE PEPINO EN CONDICIONES PROTEGIDAS EN EL VALLE DE TULANCINGO, ESTUDIO DE CASO"

"CULTIVO DE PEPINO EN CONDICIONES PROTEGIDAS EN EL VALLE DE TULANCINGO, ESTUDIO DE CASO"

Vanessa Flores Santiago[1], Liliana Barragán Hernández[1], Kevin Asiel Trejo Maldonado[1], Armando Zavala Baltazar[1], Gabriela Sánchez Olguin[1], Gustavo Alonzo López Zepeda[2], Luis González de la Rosa[2]

1 Alumnos del Instituto de Ciencias Agropecuarias, Universidad Autónoma del Estado de Hidalgo

2 Profesores del Instituto de Ciencias Agropecuarias, Universidad Autónoma del Estado de Hidalgo

RESUMEN

El presente estudio de caso aborda el Cultivo de Pepino en Condiciones Protegidas en el Valle de Tulancingo, con el objetivo de analizar las técnicas de producción y los factores agronómicos que intervienen en su implementación dentro de invernaderos. El pepino (Cucumis sativus), perteneciente a la familia Cucurbitaceae, es una hortaliza de amplio consumo a nivel mundial, logrando posicionarse dentro del territorio mexicano con alrededor del 90% de la producción bajo sistemas de riego.

La investigación se llevó a cabo en diversos invernaderos ubicados en Tulancingo de Bravo, Hidalgo, con la finalidad de identificar las mejores prácticas agrícolas aplicadas en la región, desde la elección de variedades, condiciones climáticas óptimas y manejo del suelo, hasta los sistemas de riego utilizados; de igual manera, se consideraron los sistemas de entutorado, poda y polinización, que son esenciales para garantizar un rendimiento óptimo del cultivo.

Además, se analizaron las principales plagas y enfermedades que afectan a este cultivo, como la mosca blanca (Trialeurodes vaporariorum), el pulgón (Aphis gossypii), y enfermedades fúngicas como el mildiú polvoso (Sphaerotheca fuliginea), y se propusieron métodos de control basados en un manejo integrado; asimismo, se estudió el uso de bioinsumos y fertilización aplicada mediante fertirrigación para mejorar la calidad y rendimiento del mismo.

Finalmente, se presenta un análisis de viabilidad económica que muestra la rentabilidad del cultivo de pepino en condiciones protegidas, destacando su potencial productivo y los beneficios económicos obtenidos al aplicar las técnicas mencionadas. El balance económico realizado, muestra evidencia sobre la viabilidad financiera del cultivo con un retorno sobre la inversión de forma positiva, lo que confirma la rentabilidad del pepino en el Valle de Tulancingo.

Palabras clave: Pepino, condiciones protegidas, fertirrigación, plagas, manejo integrado, viabilidad económica.

INTRODUCCIÓN GENERAL

El pepino es una hortaliza de fruto amplio consumido a nivel mundial. Su contenido energético es bajo, sin embargo, contiene vitaminas y minerales; resulta atractivo para la ingesta, con grandes cantidades de agua y mejora de la salud humana (Alvarado et al., 2014).

En el año 2016, la producción mundial fue de 80, 616, 692 ton en una superficie de 2, 144,642 ha generado un rendimiento promedio de 38 ton/ha (Alvarado et al., 2014)

En el caso de México, la producción de pepino puede ser de riego o de temporal; siendo la agricultura de riego la preponderante en la producción con un 90% de la superficie cultivada, es decir se cultivan 18,373.53 ha de riego y 1828.75 ha de temporal (Alvarado et al., 2014).

Los productores de pepino en Tulancingo suelen utilizar invernaderos para el cultivo de esta hortaliza, lo que les permite controlar el ambiente y mejorar la calidad del producto, las investigaciones llevadas para este caso de estudio están distribuidos por el Valle de Tulancingo y sus alrededores (Tabla 1).

No	Nombre del productor	Localidad	Municipio
1	Emmanuel Trejo Cárdenas	Huapalcalco	Tulancingo
2	Azael Bracho Pérez	La Morena	Tulancingo
3	Vicente Damián Guevara Jacuinde	Alrededores	Tulancingo

Tabla 1 Ubicación de los invernaderos estudiados.

El clima de la región es propicio para el cultivo de pepino, ya que cuenta con temperaturas cálidas y húmedas que favorecen su crecimiento.

El pepino es una planta herbácea anual, rastrera o trepadora, con flores hermafroditas. Tallos angulosos y poco ramificados; hojas pecioladas, vellosas y de color pálido en el envés. (Zamora, 2017)

Sus flores femeninas son solitarias, con corola de lóbulos agudos de 2-3 cm, de color amarillo, pedúnculo de 1-2 cm y ovario muricado; flores masculinas con cáliz y corola semejantes a las anteriores y con estambres de corto filamento (Zamora, 2017). Fruto cilíndrico con semillas oblongo-lanceoladas de 8-10 mm de longitud y blanquecinas (Figura 1).

Figura 1 Cultivo de Pepino en Tulancingo, Hgo. (Fotografía: Kevin Asiel Trejo Maldonado)

La clasificación taxonómica del pepino es (Tabla 2):

Orden	Curcubitales
Familia	Cucurbitaceae
Genero	Cucumis
Especie	C. sativus
Nombre Científico	Cucumis sativa
Nombre Común	Pepino

Tabla 2 Taxonomía del pepino

GENERALIDADES DEL CULTIVO.

El pepino tiene su origen en el Norte de la India, fue conocido desde épocas muy antiguas por los egipcios, siendo introducido a China en el año 100 a.C.; posteriormente fue cultivado por griegos y romanos, llevado a Francia en el siglo IX, en Inglaterra era común en el siglo XIII y finalmente fue siendo introducido a Estados Unidos (Casilimas et al., 2012).

Es una planta perteneciente a la familia botánica de las Cucurbitáceas, posee hojas muy anchas y bajo condiciones naturales tiende a ser rastrera o trepadora, auxiliándose de órganos de soporte al suelo o por medio del tutoreo, los cuales reciben del nombre de zarcillos; es de clima cálido y no tolera heladas (Ramírez et al., 2020).

Los frutos son de tamaño mediano que varía de 6 cm a 30 cm, al igual que sus formas, ya que pueden ser oblongos, cilíndricos o globulosos.

El color de su corteza puede ser verde, amarillo o blanco, mientras que la carnosidad siempre es blanca y acuosa dándole así un sabor característico. Dependiendo de la variedad, posee espinas o verrugas y produce de dos hasta siete flores en cada nudo sin labores de aclareo (Casilimas et al., 2012).

Recibe diferentes valores agregados tales como: frutos de mesa, ensaladas y aceites en el caso de las semillas y productos de belleza como jabones y cremas corporales gracias a su riqueza de agua y vitamina E.

Figura 2 Inicio de la producción del cultivo (Fotografía: Kevin Asiel Trejo Maldonado

En México es común su preparación con chile, limón y sal, su producción se presenta todo el año con mayores niveles de producción en los meses de mayo a septiembre, en la figura 2 se aprecian plantas de pepino en inicio de producción.

VARIEDADES

La existencia de distintas variedades en los productos agrícolas, se debe a varias razones que pueden abarcar aspectos agronómicos, nutricionales y hasta culinarios; están adaptadas a condiciones climáticas específicas, resistencia de plagas y enfermedades, una mayor producción eficiente, variaciones a contenido nutricional y pueden diferir en sabores, textura y apariencia (Cruz et al., 2020).

En el cultivo de pepino tiene una amplia gama de variedades, cada una con sus características distintivas en cuanto a sabor, forma, tamaño y uso. Algunas de las variedades más comunes son: Altaria, Bacanora, Bisonte, Camello,

Coatzin, Espada, Figo, Hafid, Kalunga, Katrina, Oribe, Paraíso EZ, Picolino, Primavera, Raghad, Roxynante, Sadir, Sócrates, Swayne y Tirano.

Las variedades más utilizadas por los productores son 7: Coatzin, Braga, Marvila, Centauro, Japonesas: 002 y 005, Western, de las cuales 6 necesitan alta luminosidad (Ramírez et al., 2020).

Otro productor que ha implementado el cultivo desde el año pasado, utiliza las variedades 543 y Coatzin, pues son variedades adecuadas para el manejo en condiciones protegidas, en la figura 3, se observan plantas de pepino en las primeras etapas de crecimiento.

Figura 3 Pepino en primeras etapas de crecimiento (Fotografía: Kevin Asiel Trejo Maldonado)

CONDICIONES CLIMÁTICAS

El manejo racional de forma conjunta con los factores climáticos es fundamental para el funcionamiento adecuado del cultivo, ya que todos se encuentran estrechamente relacionados y la actuación sobre uno de estos incide también sobre el resto.

En general el cultivo de pepino puede adaptarse a condiciones de temperatura entre 14 y 37 °C; sin embargo, al inicio del desarrollo de las plántulas, las temperaturas preferentemente deben encontrarse en un rango de 26 a 29 °C y ante la producción de frutos se requieren entre 19°C y 20°C por el día y durante la noche 20°C a 22°C (Zamora, 2017).

La temperatura óptima para el desarrollo del cultivo de pepino oscila entre los 15° y 30° C. y la humedad relativa óptima es de 50 a 80 % con una concentración de CO2 en la atmósfera de 300 ppm. (Solís, 2017).

Por encima de los 30 °C se observan desequilibrios en los procesos de fotosíntesis o respiración y las temperaturas nocturnas iguales o inferiores a 17 °C ocasionan mal formaciones en hojas y frutos; de igual manera la planta muere cuando la temperatura desciende a menos de 1 °C comenzando con un marchitamiento general de muy difícil recuperación (Diédhiou, 2017).

El cultivo dentro de invernadero, no convienen los invernaderos que puedan ocasionar problemas de ventilación, además con una altura promedio de 3 m y una pendiente del 3% para que los escurrimientos lleguen al canal de desagüe fácilmente (Arteaga y Albertos, 2018).

Para favorecer el estado del ambiente y desarrollo de la planta, el tercer productor ocupa plástico difuso-transparente para cubrir la superficie del invernadero, lo cual permite el paso de luz hasta en un 75 %; en caso de valerse de plástico blanco lechoso, el resultado será la presencia de problemas de pudrición debido a la cantidad de sombra que proporciona. El mismo productor menciona que cuenta con naves altas para que en un espacio libre se concentre el calor y la planta pueda respirar. En la figura 4. Se muestra la estructura metálica y plástico utilizado por el productor.

Figura 4 Tipo de plástico en el cultivo (Fotografía: Kevin Asiel Trejo Maldonado)

La temperatura recomendada en cada etapa de desarrollo del cultivo, son las siguientes. (Solís, 2017)

Etapa de Desarrollo	Temperatura (°C)	
	Diurna	Nocturna
Germinación	27	21
Formación de planta	21	19
Desarrollo del fruto	19	16

Tabla 3 Temperaturas promedio para el cultivo de pepino

En la tabla 3, se presentan las temperaturas recomendadas en las etapas de germinación, formación de la planta y desarrollo del pepino. Sin embargo, variaciones pequeñas no afectan significativamente la producción.

El productor 3 indica que, en temporadas de bajas temperaturas, la producción de la variedad Coatzin, se retrasa, pero es la única resistente, pues es un cultivo tropical.

Mientras que el responsable del monitoreo del productor 3 afirma, que la temperatura funcional en su invernadero es de 12° C, con una óptima de 25° hasta 40° C; manteniendo una temperatura ideal de 30° C. Además, comenta, que en una temperatura mayor a 42° C crea condiciones para patógenos, hojas y frutos deformes (Diédhiou, 2017).

TIPO DE SUELO

Los suelos sanos son el fundamento del sistema alimentario, de la planta, se constituye de un ecosistema vivo y dinámico, que producen cultivos sanos que alimentan a las personas y a los animales. De hecho, la calidad de los suelos está directamente relacionada con la calidad y cantidad de la producción de alimentos.

Además, cumplen una función de amortiguación al proteger las delicadas raíces de las plantas de las fluctuaciones de temperatura (Casilimas et al., 2012).

En general, el pepino se adapta a gran variedad de suelos, sin embargo, su preparación varía de acuerdo a la región en donde esté ubicado y es necesario determinar si nuestro cultivo se establecerá directamente en suelo o en sustrato.

Dentro de la literatura, según Arteaga y Albertos (2018), los mejores suelos son los que contiene una textura silíceo-arcillosas, sin la necesidad de ser muy profundos (40cm como mínimo), con buen drenaje y sin retención excesiva de agua, pues las raíces del cultivo son sensibles a la falta de oxígeno.

Para el presente estudio de caso, el productor 2 mantiene un perfil profundo con un suelo fértil, de buen drenaje con un suelo franco - arcilloso con una profundidad efectiva de 60 cm. El productor 2, tiene establecido su cultivo en 3 tipos de suelo: Arenoso, granillo, gravilla o granzón, los que considera le ha dado buenos resultados. En la figura 5, se tienen plantas de pepino plantadas directamente en suelo.

Figura 5 Composición del suelo (Fotografía: Liliana Barragán Hernández)

El encargado del productor, comenta que en su cultivo cuenta con 3 tipos de suelos: arcilloso con 5% de materia orgánica, franco con 3.2% de materia orgánica y un área de 2000m2 de Tezontle, comentado que en todos ellos ha obtenido buenos resultados (Castro, 2018).

PROPIEDADES FISICOQUÍMICAS

El cultivo se puede desarrollar en un pH entre 5.5 y 7.5, se recomiendan aguas con pocas sales solubles y suelos con una alta retención de humedad, el pepino se distingue por ser tolerante a salinidad. Debe mantener una conductividad eléctrica tolerante hasta de 1.25 a 1.75 dS/m en agua de riego y de 2.25 a 2.75 dS/m en el suelo.

Para evitar problemas de acidez o salinidad dentro de la producción de pepino, se deben realizar constantemente análisis de agua y suelo y monitorear si se presenta algún tipo de síntoma en la plantación para realizar el ajuste necesario. (Arteaga y Albertos, 2018).

El productor 3, en la entrevista realizada, comenta que en su área de cultivo el pH del suelo es de 6.36, una conductividad eléctrica en el agua de 0.83 dS/m y un porcentaje de materia orgánica de 2.75 para controlar la C.E.; y una textura franca con porcentajes de: 21% arcilla, 43% arena y 36% limo.

Utilizando el Tensiómetro para el monitoreo de humedad, conductímetro para la C.E. y el Potenciómetro para medir el potencial de hidrogeno (Ruiz, 2011). En la figura 6, se aprecian plantas de pepino en condiciones adecuadas de humedad, C.E y el potencial de hidrogeno.

Figura 6 . Producción de pepino en Tulancingo. (Fotografía: Kevin Asiel Trejo Maldonado)

SUSTRATO

En general el pepino como cultivo sin suelo puede ser producido utilizando varios tipos de sustratos desde medios orgánicos como corteza de pino, turba, fibra de coco, perlita, vermiculita y lana de roca.

Los sustratos nos ayudarán a mejorar las propiedades fisicoquímicas del suelo, pues modifican la capacidad de absorción de nitrógeno, elemento que es indispensable para la planta y consecuentemente para la formación de los frutos y una mayor productividad (Meneses Fernández y Quesada Roldán, 2018).

Para el proceso de germinación se hace uso de fibra de coco más agrolita (volumen: volumen) en una proporción 70:30. Esta permite una mayor retención de agua y aireación, resultando muy ligera, así como la recepción de nutrientes potenciando nuestra producción de fruto.

El productor 3 menciona que el sustrato debe ser ligero con una mayor retención de humedad, con excelente aireación y drenaje; para su producción del cultivo se lleva a cabo con una formulación de 60% tezontle, 20% agrolita y 20% fibra de coco o humus de lombriz que va rotando cada ciclo; en lo que respecta a la germinación, se puede hacer uso de peat moss y agrolita en volúmenes iguales.

En algunos casos se implementa el sustrato llamado "Kekkila", la cual contiene agentes humectantes para mejorar, agilizar y fortalecer el sistema radicular de la planta teniendo mayor efectividad con perlita y vermiculita(Casilimas et al., 2012). En la figura 7 se observan plantas de pepino después del trasplante.

Figura 7 Planta de pepino después del trasplante (Fotografía: Kevin Asiel Trejo Maldonado

SISTEMA DE RIEGO

Una planta de pepino consume alrededor de 2.5 l por día, pero el consumo puede incrementar proporcionalmente al número de frutos en la planta. Saturar el suelo, nos podría ocasionar el marchitamiento parcial o total de la planta (Arteaga y Albertos, 2018).

Existen distintos sistemas para el riego del cultivo, los más recomendados para el pepino son: por goteo, micro aspersión y subterráneo o por capilaridad, pues aunque su instalación y mantenimiento pueden ser costosos, existe un ahorro significativo de agua, reduciendo la escorrentía y la evaporación de la misma, además evita el encharcamiento de agua alrededor de la planta, evitando así la pudrición de las raíces y tallo y un mayor riesgo por enfermedades fúngicas (Casillas y Bretones, 2018).

El sistema empleado por el productor no. 2 fue riego por goteo haciendo uso de cintilla con una separación de 20 cm entre puntos de goteo. Regar de 2 a 3 veces por día con cinta de goteo de alto flujo, aproximadamente 40-60 min/día.

Se puede utilizar un acolchonado de plástico para evitar la pérdida de agua, conforme la planta se desarrolle o aumente la evaporación (Martínez et al., 2010).

El productor 4 comenta que sus requerimientos hídricos son muy elevados, más que los utilizados en cultivos como el jitomate; de igual forma, cita que el color de plástico empleado es importante ya que es un factor que interviene en el riego. Mediante este sistema el aplica algunos fertilizantes distribuidos en 3 tambos:

Tambo 1: Nitrato de calcio, zinc quelato, quelato de manganeso, molibdeno, hierro.

Tambo 2: Nitrato de potasio, nitrato de magnesio, cloruro de potasio, sulfato de potasio, fosfato mono amónico, fosfato mono potásico, sulfato de magnesio, fósforo y nitrógeno. En la figura 8 se presenta el sistema de riego del productor 2.

Figura 8 Sistema de riego (Fotografía: Kevin Asiel Trejo Maldonado

Tambo 3: Ácido sulfúrico o nítrico para bajar pH y para que las cavidades de la cintilla no se obstruyan. Ácido fulmico, húmico, cítrico, peracético con peróxido de hidrógeno (desinfección de suelo y estructura).

El productor 1, implemento un riego de cintilla doble, con pastilla anti drenaje cada 20cm, comenta que es económico y con una pendiente 2-3%. Los riegos son en base a las condiciones climáticas: 3 veces en un día templado, 4 veces en un día caluroso, 1 vez en día lluvioso o si la lluvia es abundante, no se realizan riegos.

ACOLCHADO

La técnica de acolchado, favorece los procesos del cultivo, acelerando la cosecha y aumentando la cosecha, por lo que resulta muy satisfactorio y no supone grandes costos. Su relevancia radica, en que evita la evaporación del agua y grandes oscilaciones de temperatura entre el día y la noche; ayuda a que las raíces de las plantas se multipliquen y desarrollen lateralmente; hacen más fértil la tierra; impide el crecimiento de malezas y mejora su apariencia comercial ya que, el fruto no está en contacto con el suelo (Casilimas et al., 2012).

También ayuda a la reducción de la erosión del suelo que proporciona el acolchado. Esta técnica protege el suelo de la erosión causada por la lluvia y el viento al mantener una capa protectora sobre la superficie. Esto es especialmente beneficioso en áreas con pendientes pronunciadas o suelos susceptibles a la erosión (Jardi, 2022).

En la agricultura se utilizan distintos tipos de acolchados que se pueden clasificar según sus aditivos, densidades y color de la película, como lo son el blanco, negro y metalizado; la selección del espesor varía según el adictivo y color del acolchado, además se debe considerar el tipo de cultivo. Las películas pueden ir desde las 12 a 100 micras (Rojas, 2011).

El productor no. 1 recomienda un acolchado de plástico negro sobre los arriates elevados, ayuda a elevar temperaturas del suelo al inicio de la estación, una germinación rápida y el desarrollo temprano de los frutos., mientras que, en los meses más calurosos, se utiliza un plástico blanco por encima del negro para evitar el sobrecalentamiento.

Este tipo de implementaciones dentro de nuestro cultivo, puede ayudar a aumentar la producción, generando un mayor ingreso para los agricultores

Además, es utilizado por nuestros productores para el control de malezas, pues reduce la necesidad de herbicidas y pesticidas, retención de humedad relativa y externa en el suelo y la cama. Donde comentan que colores como el blanco y dorado atraen a distintas plagas (Bárberi, 2013). En la fig.9 se muestra el acolchado hecho en el invernadero cultivado con pepino.

Figura 9 Acolchado en el cultivo Fotografía: Armando Zavala Baltazar

El uso del acolchado puede considerarse una práctica agrícola sostenible, ya que contribuye a la salud del suelo, reduce la dependencia de insumos externos y promueve un manejo más equilibrado y respetuoso con el medio ambiente de los sistemas de producción agrícola.

SIEMBRA

Cómo anteriormente se mencionó se puede realizar por medio directo o por trasplante. La siembra directa es una práctica tradicional, donde se cultiva cerca de las viviendas, pues facilita su manejo y control, generalmente se adiciona al suelo compost; pero para evitar malas prácticas de inocuidad dentro del invernadero, para este tipo de cultivo, se recomienda la germinación en bandejas o semilleros modernos (Casilimas et al., 2012).

Según nuestros productores 1, 2 y 3 se realiza en Charolas de 200 cavidades, con el sustrato indicado para la variedad, donde se deposita una semilla por cavidad y se quedará dentro del invernadero acondicionado.

El tiempo de brote es de 15 días para su respuesta, posteriormente se pasa a trasplantar al invernadero, tomando en cuenta que, si utilizas cámara de germinación, una vez que empieza a desarrollarse tu planta no se debe exponer al sol, para ello se hace uso de malla sombra (50% luz) o malla anti-áfidos (75% luz) sin agregar fertilización, este se aplica una vez que es trasplantada directamente al sol.

Para realizar el trasplante y asegurar una plántula que crezca y produzca adecuadamente, debe tener como mínimo 3 hojas verdaderas con un tamaño promedio entre 8 a 10 cm y con las cavidades al 80% cubierto por raíces (Casilimas et al., 2012).

En relación con el proceso de germinación, es fundamental destacar la importancia del manejo preciso de la temperatura y la humedad. Específicamente, durante la germinación, se deben mantener condiciones óptimas en la cámara de germinación para garantizar un desarrollo saludable de las plántulas. Asimismo, al trasplantar al invernadero, es crucial mantener un ambiente adecuado. (Casilimas et al., 2012).

Para su preparación, es recomendable realizar una cama de siembra de por lo menos 20 a 25 cm de altura esto con la finalidad de facilitar el riego y el control de malezas. (Como se muestra en la fig. 10)

Figura 10 Germinación en charolas Fotografía: Kevin Asiel Trejo Maldonado

El productor 3 realiza labores culturales como: zancos de tamaño chico, mediano y grande con la finalidad de subir y bajar las plantas.

El productor 2 germina en otro lugar, para lo que comenta que se debe tener un alto grado de inocuidad para evitar patógenos y el uso de microrganismos benéficos como Trichoderma, Bacillus subtilis, etc. Se recomienda germinar en lugares con metros sobre nivel del mar bajos y con mayores temperaturas, utilizando un regulador de crecimiento (Rootex Tipo 1, polvo).

En cuanto a la selección de variedades, nuestros productores han subrayado la importancia de elegir variedades que se adapten específicamente a las condiciones de cultivo. Además, han destacado la relevancia del manejo integrado de plagas y enfermedades en todas las etapas del cultivo para asegurar la salud de las plantas.

TRASPLANTE

Según Zamora (2017) se debe realizar en donde no exista gran incidencia de sol, además debe realizarse en suelo húmedo, aproximadamente a los 20 o 30 días de la siembra o cuando la plántula alcance una altura mínima de 25 cm y haya desarrollado 4 hojas verdaderas.

El marco de plantación utilizado en las plantas de pepino puede ser desde 1.2 a 1.5 metros entre hilera y entre plantas de 25 a 30 cm de separación; el marco de plantación puede variar, dependiendo del rango de población de plantas por hectáreas y el espacio disponible (Chacón y Monge, 2021).

El productor 3 comenta que para el trasplante implementa la técnica de Interplanting, donde ambos ciclos conviven durante una parte del cultivo y se realiza el segundo trasplante sin eliminar el primero. En la primera semana antes del trasplante se humedecen las camas y se realiza el trabajo de maquinaria como el motocultor o tractor y el acolchado; en otra semana se realiza la desinfección del invernadero, en la tercera semana se realiza la inoculación de microorganismos benéficos y en la última semana se llevan a cabo las labores de siembra.

Al hablar del proceso de trasplante, es esencial enfocarse en varios aspectos clave para garantizar el éxito de este. Nuestros productores han compartido valiosas recomendaciones basadas en su experiencia (Castro, 2018).

En primer lugar, es fundamental asegurarse de que las plántulas estén en el punto óptimo para el trasplante. Esto implica que las plántulas deben tener al menos tres hojas verdaderas y un tamaño promedio de entre 8 a 10 cm. Además, es crucial que las raíces cubran al menos el 80% de la cavidad en la que se encuentran.

En términos de preparación del área de siembra, nuestros productores sugieren la creación de una cama de siembra de al menos 20 a 25 cm de altura. Esto facilita tanto el riego como el control de malezas durante el proceso de trasplante y posterior desarrollo de las plantas.

Durante el trasplante en sí, es importante manipular con cuidado las plántulas para evitar dañar las raíces. Algunos productores incluso utilizan zancos de diferentes tamaños para subir y bajar las plantas con delicadeza.

Es crucial tener en cuenta que una vez que las plántulas se trasplantan al invernadero, es fundamental protegerlas del sol directo, especialmente si se utilizó una cámara de germinación. Para esto, se recomienda el uso de malla sombra o malla anti-áfidos, que permiten un cierto porcentaje de luz, pero evitan el estrés por exposición solar directa. (Bárberi, 2013)

DESARROLLO DEL CULTIVO

Tutoreo

Es una práctica imprescindible para mantener la planta erguida, mejorando la aireación general de la misma; así se favorece el rendimiento de la cosecha, menor incidencia de plagas y enfermedades; mejor calidad de frutos en cuanto a forma y color; facilita la cosecha y permite usar mayores densidades de poblaciones de plantas (Vicente, 2001).

Al implementar correctamente el sistema de tutoreo y seguir buenas prácticas agrícolas, los agricultores pueden maximizar el rendimiento de sus cultivos y garantizar una cosecha de alta calidad, por lo que es recomendable hacerlo a más tardar antes de los 6 días después de comprobar que el trasplante haya sido exitoso (Zamora, 2017).

Se utiliza un sistema de tutoreo a un tallo, con rafia negra tratada contra rayos ultravioleta. En la base del tallo se coloca un anillo y posteriormente se enreda en la rafia, sin embargo, también se conoce que la planta puede enredarse por sí sola, donde el anillo va conectado a la base, realizándolo después de las 3 hojas contando después de los cotiledones, en la hoja 4, se realiza el anillado, donde se elimina todo lo que queda por debajo del anillo. En la figura 11 se muestra el ajuste del anillado.

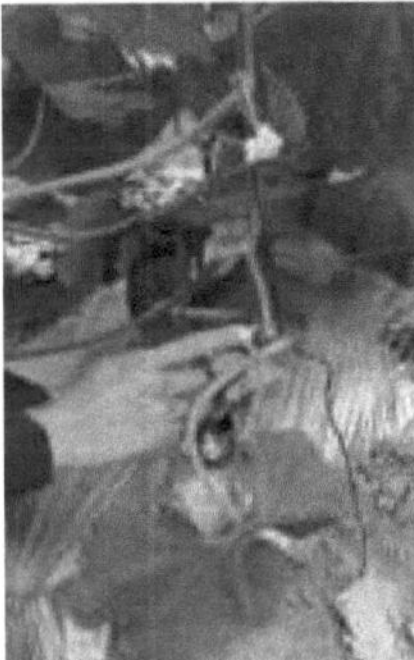

Figura 11 Ajuste de anillado (Fotografía: Liliana Barragán Hernández)

Además, la elección del material de tutoreo es crucial, debe ser duradero y resistente para soportar el peso de las plantas a medida que crecen.

Alternativamente, hay otras técnicas de tutoreo que pueden adaptarse mejor a diferentes tipos de cultivos o condiciones específicas. (Bárberi, 2013.)

Poda

La poda, al igual que el trasplante son indispensables ya que contribuyen significativamente al crecimiento saludable de las plantas y a la producción de frutos de calidad, optimizando del uso de recursos, control el vigor y manejo de espacio dentro del invernadero, uniformidad y acceso al producto (Casilimas et al., 2012).

Durante el proceso de poda se retiran los sarcillos y chupones; de igual manera se eliminan las hojas cautelosamente ya que se deben dejar entre 12 y 15 hojas para que siga el ciclo, aunque la planta se puede deshojar por sí misma.

El encargado del productor realiza las podas cada que el personal considera que es oportuno y cada que lo indique, dejando solo una hoja por cada fruto en la planta.

Esta estrategia, conocida como "poda de hojas", busca dirigir de manera eficiente los nutrientes hacia los frutos en desarrollo, promoviendo así un crecimiento más vigoroso y una mayor calidad en la producción.

Es importante destacar que la frecuencia y la intensidad de la poda pueden variar dependiendo del tipo de planta, las condiciones climáticas y otros factores específicos del cultivo (Casilimas et al., 2012).

Tipo de poda	Variable	Ciclo Verano - Otoño	Ciclo Primavera - Verano
Eliminación de primeros frutos	**Días transcurridos**	14 días	25 días
	Frecuencia	Cada 6 días	Cada 6 días
Eliminación de brotes laterales	**Días transcurridos**	14 días	25 días
	Frecuencia	6 a 7 días	6 a 7 días
Poda de hojas	**Días transcurridos**	44 días	49 días
	Frecuencia	7-8 días	7-8 días

Tabla 4 Tabla 4. Días de poda recomendados para el cultivo

A continuación, se describen los tipos de poda mencionados en la tabla 4.

La eliminación de primeros frutos comprende el retirar de 4 a 5 frutos que brotan de los tallos principales, para estimular el crecimiento vegetativo en los racimos que se desarrollaran en el futuro.

Eliminación de brotes laterales o chupones, los cuales crecen en las axilas de las hojas, que tiene como finalidad tener un solo tallo productivo, el cual, nos ayudará a dar forma a la planta y facilitar el tutoreo.

La poda de hojas se realiza eliminando las 2 primeras hojas de cada planta, con el objetivo de mantener solo hojas jóvenes y mantener la ventilación de la planta y acelerar el proceso de maduración de los frutos.

Es necesario realizar este tipo de acciones de un ambiente desinfectado para evitar la contaminación de la planta, el productor 2 utiliza una solución de cloro al 5%. El mismo productor comenta que el realiza la eliminación de zarcillos que pueden estar mal ubicados y pueden enredarse con los frutos y crear deformación, realizada solo si es necesaria.

Polinización

La polinización dentro de este cultivo es indispensable ya que se ve reflejado en el rendimiento, tamaño y peso del fruto; la difusión de polen se puede realizar de forma manual o entomófila, debido a que las flores del pepino son monoicas, que significa que no se pueden auto fecundar por presentar un solo género, por lo que es necesario movilizar el polen de las flores macho a las flores hembras (Argüello, 2020).

Dentro de condiciones protegidas los abejorros y la polinización manual, es la más efectiva para el desarrollo del fruto, sin embargo, según Fleischer, et al. (2021), observaron a otros potenciales polinizadores como abejas de miel con un 56% y moscas con 32%. De igual forma se encuentran presentes en un menor porcentaje de hormigas, mariposas y avispas.

De acuerdo al productor 2 hace mención que la polinización se realiza con sopladora de gasolina 2 veces al día ya que él no requiere de abejorros para polinización.

Cabe aclarar que, para polinizar con animales, dichos polinizadores, deben resguardarse de 24 a 48 horas antes de la aplicación de productos químicos para evitar su extinción.

El productor 3 comenta que el utiliza variedades sin semilla, por lo cual no es necesario una polinización, esto ayuda al productor a aumentar el peso de su fruto. En la figura 12 se muestra una flor femenina de pepino.

Figura 12 Flor del pepino (Fotografía: Kevin Asiel Trejo Maldonado)

Algunos productores emplean métodos alternativos, como el uso de sopladoras de gasolina para la polinización, mientras que otros optan por variedades de pepino sin semillas para evitar la necesidad de polinización (Fleischer et al., 2021).

La polinización manual puede ser efectiva en ausencia de polinizadores naturales, pero requiere tiempo y recursos adicionales. Por otro lado, las variedades sin semillas pueden simplificar el proceso de cultivo, pero pueden limitar la diversidad genética y la adaptabilidad de los cultivos.

Se pueden implementar prácticas para promover la presencia de polinizadores naturales, como la creación de hábitats adecuados y el uso responsable de productos químicos en la agricultura (Fleischer et al., 2021).

Fertilización

La fertilización, como en cualquier otro cultivo, es crucial para un desarrollo del pepino, asegurando que la planta reciba los nutrientes necesarios para un crecimiento vigoroso y una producción abundante y de alta calidad.

Una nueva forma de aumentar el rendimiento y la calidad con ayuda de los fertilizantes, como un componente tecnológico, es el uso de la fertirrigación para mantener los niveles adecuados de nutrientes en la rizosfera (Barraza, 2017).

El pepino se considera como una hortaliza de altos requerimientos de macronutrientes, según el INIFAP reporta que la formula general de fertilización es de N-P-K de 100-80-00 kg por hectárea (Castilla y Bretones, 2018).

Durante este proceso es indispensable analizar el agua y suelo, para ello se utiliza un cuadro en donde se calcula la cantidad de nutrientes necesarios adicional a los ya encontrados en el suelo, asimismo se basa en la conductividad eléctrica de 2 dS/m y un pH entre 7 y 8.

Fertilizantes	Etapa de crecimiento		
	Crecimiento	Cosecha	Final del cultivo
CE (mS/cm)	1.5	2	1
HNO3 (ml)	800	800	800
H2PO4 (ml)	180	180	180
K2SO4 (g)	-	300	-
KNO3 (g)	920	1225	700
Ca(NO3)2 (g)	850	1140	-
MgSO4 (g)	320	425	-
Micronutrientes	50	65	65

Tabla 5 Fertilización utilizada por el productor Emmanuel Trejo Cárdenas, en el municipio de Tulancingo, Hgo.

En cuanto a los micronutrientes necesarios, se requieren cantidades pequeñas y limitadas, pero deben tener un estricto control, pues la deficiencia de uno o más nutrimentos pueden influir en el desarrollo del cultivo.

Dentro de la parte de bioinsumos, se crea un caldo biológico que actúa como antiviral, cuya preparación incluye: leche bronca, miel, melaza y 4 tipos de bacterias (microsime, bayamagic, dobleniquel, brazinets). Esta mezcla se realiza en una tina de 200 litros/ha, y se suministra cada 8 días tanto de manera foliar como en riego durante todo el año con el fin de controlar agentes patógenos y sobrepoblar de bacterias, en la tabla 5, podemos observar la fertilización utilizada por el productor 3.

Los productores No.2 y 3 hacen una aplicación de refuerzo de insecticidas y fungicidas de 5 a 7 días, así como el uso de gluconato de cobre como bactericida. La variedad de fertilizantes es variable según el productor, la tabla 6, muestra los fertilizantes usados por el productor 2.

Fertilizantes			
MAG	MnSO4	NKS	CaCl2
KCL	ZnSO4	MgSO4	Zn quelato
SOP	NPK	H3BO3	Mn quelato
Ca(NO3)2	MAP	Triple 19 Polofit	

Tabla 6 Fertilización utilizada por el Sr. Sergio Hernández de Tulancingo, Hgo.

Con el productor no.3, el Ing. a cargo indicó que realiza una fertilización para cada semana que se basa en la apariencia visual de la planta.

De acuerdo con lo anterior, lleva a cabo análisis de suelo y agua una vez al iniciar el ciclo del cultivo, en variables como: pasta saturada, microbiológicos, fitopatológicos y de fertilidad. Asimismo, se vale de la ayuda de chupa tubos (tubos de acceso para la solución del suelo) para monitorear la efectividad de los regímenes de fertirriego y éstos pueden ser de 15, 30 o 45 cm colocados cada 30 cm; el primero se usa para riego, el segundo para lo que tome la planta y el ultimo para aquello que fue drenado.

El mismo productor indicó de igual manera que para el proceso de fertilización se deben separar nitratos y sulfatos. La adición de nitratos consta de Ca (NO3)2 y NKS en igual proporción, por el otro lado suministra productos como Sulfmag, Capitán, y SOP, así como micro elementos quelatados. En la figura 13 se muestra la preparación de los nutrientes vegetales.

Figura 13 Preparación de la Nutrición Vegetal (Fotografía: Armando Zavala Baltazar)

Una buena dosificación de fertilizantes durante las diferentes etapas, durante todo el ciclo, facilita una nutrición correcta, evitando aplicaciones excesivas que dañen el suelo que será utilizado para próximos ciclos (Rojas, 2011).

PLAGAS EN EL CULTIVO DE PEPINO

El cultivo de pepino es susceptible a una variedad de plagas que pueden afectar tanto la salud de la planta como la calidad y cantidad de la producción; es crucial el identificar y manejar las plagas de manera efectiva.

Las plagas dentro del invernadero son las mismas que se presentan al aire libre y pueden manejarse con buenas prácticas de inocuidad y saneamiento (Bárberi, 2013). Las principales plagas del cultivo de pepino son las siguientes:

Mosca blanca (Trialeurodes vaporariorum, Bemisia Tabaci)

Las partes más jóvenes de las plantas son colonizadas por los adultos, los cuáles se sitúan después en el envés de las hojas para dar vida a las larvas; éstas pasan por tres estados larvarios y uno de pupa de acuerdo a la especie (Cedillo et al., 2018).

El amarillamiento y debilitamiento de nuestra planta serán indicadores de la presencia de larvas; mientras que la pérdida de savia se atribuye a los adultos. Otro tipo de daños en nuestra planta que podemos identificar es la negrilla a causa de la melaza, la cual provoca manchado y depreciación de los frutos, dificultando el desarrollo normal de la planta, lo que deriva en una defoliación general (Cedillo et al., 2018).

En nuestro de caso todos los productores, mencionan que es práctica común colocar tiras de plástico amarillo untadas con aceite comestible, dando buenos resultados y no requiriendo la aplicación de insecticidas para su control.

Pulgón (Aphis gossypii)

El color del pulgón depende de la temperatura, de la fuente de alimentación y de la densidad de la población. El color del cuerpo varía entre el amarillo claro y el verde claro, llegando en ocasiones incluso a verde-negro, tienen un ciclo de vida complejo, pudiéndose desarrollar adultos

sin alas, llamados ápteros y con alas, llamados alados.

Una característica especial de esta plaga es la viviparidad, esto significa que los pulgones jóvenes se desarrollan dentro de la hembra progenitora y nacen vivos, esto permite un rápido crecimiento de poblaciones (Masaquiza, 2016).

Su presencia se da en el envés de las hojas, absorben la savia de las plantas, provocándoles un debilitamiento generalizado, que se manifiesta en un retraso en el crecimiento y amarilleamiento de la planta; además, algunas especies al alimentarse inyectan saliva con sustancias toxicas que producen deformaciones en las hojas, como enrollamiento y curvaturas.

En las entrevistas hechas para el presente estudio de caso, los productores entrevistados refieren que en condiciones climáticas apropiadas del cultivo la presencia de los pulgones no ha requerido la aplicación de insecticidas para su control. En la figura 14, se observan plantas que fueron atacadas por pulgón.

Figura 14 Plantas que fueron atacadas por pulgón, (Fotografía: Liliana Barragán Hernández)

Trips (Frankliniella occidentalis)

Los adultos de Trips son alargados, de 1,2 mm promedio en las hembras y 0,9 mm de longitud promedio en machos. Las larvas pasan por dos estadios, siendo el primero muy pequeño, de color blanco o amarillo pálido. El segundo estadio es de tamaño parecido al de los adultos y de color amarillo dorado. Las ninfas a su vez se distinguen en dos estadios. Son inmóviles y comienzan a presentar los esbozos alares que se desarrollarán en los adultos (López-Bautista, 2008)

En el cultivo de pepino los daños se producen por larvas y adultos al succionar o picar el contenido celular de los tejidos provocando lesiones superficiales de color blanquecino en la epidermis de hojas y frutos formándose una placa plateada que más tarde se vuelve necrosis; en el caso de las flores, tienden a quedarse cerradas o malformadas (López-Bautista, 2008).

La información vertida por los productores de pepino del valle de Tulancingo, Hgo sugiere que, teniendo un buen mantenimiento de malezas y riegos, la incidencia del Trips es reducida, cuidando además que las plantas estén bien nutridas y en estado vigoroso.

13.4. Araña roja (Tetranychus urticae)

Se desarrolla en el haz de la hoja provocando decoloraciones, manchas e imperfecciones en la forma. Cuando la población aumenta se llega a producir la defoliación de la planta; cabe resaltar que los ataques más graves se producen en los primeros estados fenológicos y gracias a las altas temperaturas o escasa humedad relativa se estimula su aparición. Los productores entrevistados mencionaron que es una práctica recomendable para evitar daños de araña roja, mantener la ventilación adecuada de los invernaderos, evitando calentamiento del invernadero.

Nematodos (Meloidogyne spp)

Los nematodos son gusanos microscópicos que viven en el suelo y en el tejido de las plantas. En la parte aérea de la planta se pueden observar síntomas como: enanismo y clorosis, marchitez, menor número de hojas, frutos pobres, entre otros; hablando de la parte subterránea se identifica la presencia de agallas en las raíces, sistema radical pobre o deforme y raíz no funcional por la invasión de organismos secundarios como hongos y bacterias (Vicente, 2001).

ENFERMEDADES DEL PEPINO

El éxito de una producción agrícola implica rendimientos óptimos por unidad de superficie bajo las condiciones deseadas al cultivo, para obtenerlos se deben cultivar variedades bien adaptadas y productivas; un enfoque integral que incluya la prevención, el monitoreo y el manejo integrado ayuda a mantener las plantas a maximizar la producción de pepino (Argüello, 2020).

Las enfermedades pueden ser causadas por hongos, bacterias, virus o factores ambientales, y pueden variar en su impacto dependiendo de las condiciones de cultivo y las prácticas de manejo (Masaquiza, 2016). Las más conocidas son las nombradas a continuación:

Mildeo polvoso (Sphaerotheca fuliginea)

Los síntomas que se presentan son manchas de color blanco en el haz y envés de la hoja, también afecta tallos, peciolos e incluso hasta frutos cuando es muy fuerte. Las hojas y los tallos atacados se vuelven amarillentos, llevándolos a su marchitez y desprendimiento. Los productores entrevistados sugieren que las enfermedades se pueden evitar manteniendo la ventilación durante el día y en tiempos calurosos también en las noches.

En la figura 15, se muestran plantas del cultivo de pepino sanas, en donde se mantiene la ventilación que influye en la sanidad de la planta.

Figura 15 Plantas del cultivo de pepino (Fotografía: Vanessa Flores Santiago)

Mildeo velloso (Pseudoperonospora cubensis)

Se manifiesta exclusivamente en las hojas. Inicialmente aparecen manchas de color verde claro en el haz tornándose amarillas. Por el lado del envés se crean tonalidades gris violáceas, posteriormente estas manchas se necrosan y se secan desde el centro hacia afuera adquiriendo un aspecto apergaminado; sin embargo, hay que tener cautela, ya que los peciolos permanecen siempre verdes.

El control y manejo del mildeo Velloso es similar al de mildeo polvoso por el que recomiendan las mismas prácticas culturales (Chacón y Monge, 2021).

Virus mosaico del pepino (CMV)

Los síntomas más frecuentes que se suelen observar son mosaico clorótico en hojas, encrespamiento y enrollamiento de las mismas (deformación). Además, produce enanismo de las plantas y los frutos muestran mosaico y en ocasiones deformación, lo que conduce a un bajo rendimiento del cultivo (Chacón y Monge, 2021).

Los productores entrevistados mencionan que los virus del mosaico no se presentan si se siguen las recomendaciones de estar dentro de los rangos climáticos recomendados para el cultivo de pepino, y la ventilación adecuada en días calurosos.

CONTROL DE PLAGAS

Es fundamental para garantizar la producción de alimentos de alta calidad, proteger la salud humana, preservar los recursos naturales y promover prácticas agrícolas sostenibles y rentables. Un enfoque integrado y equilibrado es clave para abordar los desafíos de las plagas de manera eficaz.

Realizar inspecciones periódicas de tus plantas de pepino para detectar signos de plagas o enfermedades. Observa de cerca el follaje, las flores y los frutos en busca de síntomas como manchas, daños en las hojas o presencia de insectos.

El productor No. 3, aplica en su plantío algunos preventivos de origen químico y biológico. Dentro de los de procedencia química se encuentran: el peróxido para hacer una limpieza del suelo, el drench (aplicación directa a la raíz por medio de una bomba; en este caso se asocia con melaza y fécula de maíz para nutrir a las micorrizas) en los primeros 30 días de incidencia por 1 semana, e insecticida directo al sustrato. Hablando de biológicos se incorporan bacterias y hongos benéficos como: Micorrizas, Bacillus y Trichoderma.

Figura 16 Plantas del cultivo de pepino (Fotografía: Vanessa Flores Santiago)

Lo anterior, se efectúa dentro de las condiciones protegidas, por otro lado, en el exterior hace un lavado con cloro y sales cuaternarias abarcando todo el contorno del invernadero. En la figura 16, se muestra la aplicación de agroquímicos para mantener la salud de las plantas de pepino.

El productor No. 3 indicó que ha tenido incidencia de Mosquita blanca, Pulgón, Mildiu y más frecuentemente Trips. El manejo que le da a cada una de ellas radica en control biológico con preventivos, pero mencionó que también se puede optar por Beauveria bassiana. Dentro del manejo químico, se aplica fungicida K3, 2 sistémicos y 1 protector en el caso de Mildiu; para pulgón y mosca blanca se procede a actuar con Cipermetrina y Abamectina.

Es indispensable implementar un enfoque integral que combine diversas estrategias de control. El Manejo Integrado de Plagas implica la coordinación de tácticas biológicas, culturales, mecánicas y químicas para mantener las poblaciones de plagas a niveles aceptables, además que es necesario mantener un ambiente de cultivo limpio y eliminar restos de plantas muertas o enfermas, donde un enfoque integrado y sostenible es fundamental para mantener la salud del cultivo de pepinos a lo largo del tiempo.

CONTROL DE MALEZAS

El control de malezas en un invernadero de pepino es esencial para mantener un entorno óptimo que favorezca el crecimiento saludable de los pepinos, pues las malezas compiten por nutrientes, agua y luz solar con el cultivo base.

Además, también pueden actuar como hospederos para enfermedades y plagas, por lo cual, es vital controlar las plagas para evitar que proliferen y por ende reducir costos en la necesidad de tratamientos pesticidas.

El control de maleza se realiza manualmente con herramientas manuales tales como azadón y pala; también se puede llevar a la práctica un control mecánico haciendo uso de una cultivadora, de igual manera se pueden manejar medios químicos, es decir, la aplicación de herbicidas post – emergentes. Se debe recordar que previo al empleo de cualquier herbicida es recomendable realizar pruebas.

Se usa azadón y pala recta para eliminar malezas en pasillos, así como afuera de las naves y posteriormente se aplica herbicida y se realiza una faena para que no quede maleza alguna, lo anterior por cuestiones de inocuidad. En la figura 17 podemos observar los pasillos después de la remoción de malezas, antes de retirarlas fuera del invernadero.

Figura 17 . Labores culturales del pepino (Fotografía: Kevin Asiel Trejo Maldonado)

El productor No. 2 utiliza una desinfección manual con productos con ingredientes activos como Paraquat dentro del invernadero y Glifosato por la parte de afuera y sus alrededores, al igual nos comenta, que el erradica las malezas dentro de su invernadero, pues algunas malezas pueden librar compuestos orgánicos volátiles y afectar la calidad del aire dentro el invernadero, además que facilita el manejo y recolección del fruto.

Para el estudio de caso que nos ocupa los productores entrevistados mencionan que con el uso del acolchonado plástico se reduce la incidencia de malezas.

COSECHA

La cosecha adecuada del pepino es fundamental para garantizar la calidad del producto final y maximizar el rendimiento del cultivo en un invernadero. Cada variedad y situación de cultivo puede tener consideraciones específicas

Se inicia de los 44 a 53 días del trasplante, este dato puede cambiar según el ciclo de temporada, durante el verano y otoño, existe una mayor precocidad.

Al principio, se inicia una cosecha de 2 veces por semana, donde en promedio la producción mantiene un diámetro de 50mm y 27cm de largo, un peso de 450 – 550 g cada uno, en promedio. Se cosechan de forma manual, evitando golpes y fricciones que puedan dañar el producto, debe ser cortado de la planta con tijeras, previamente sanitizadas, para no afectar al fruto o la planta; colocar en canastas de plástico, acomodando de forma ideal para preservar las características del pepino.

Es esencial mantener una buena higiene personal para evitar la contaminación de los pepinos. Las manos limpias y el uso de herramientas limpias ayudan a prevenir la transmisión de patógenos.

El productor No. 1, indica que la cosecha se dará entre 45 a 50 días en ciclos cortos y de 60 a 70 días en ciclos largos. En la figura 18, se observan pepinos recién cosechados con un diámetro promedio de 5 cm y 27 cm de largo, de igual forma, durante la cosecha, es importante retirar los pepinos que estén deformes, dañados o maduros en exceso para ayudar a redirigir la energía de la planta hacia el desarrollo de nuevos frutos.

Figura 18 Cosecha de Pepino (Fotografía: Kevin Asiel Trejo Maldonado)

PRODUCCIÓN

Dependiendo de los factores climáticos y nutrientes disponibles para la planta, su producción será variable. En un promedio, los productores entrevistados que producen en condiciones protegidas han presentado una producción de 4 kg por planta con una densidad de siembra de 2.4 plantas por cada m2, mientras que en etapas de verano – otoño, su rendimiento es de 9.9 kg; lo que da como un equivalente de 99.9 ton/ha.

Los productores entrevistados reportan una producción media de 90 ton/Ha, variando está en más menos 5 ton/ha.

El encargado del productor 2 alude a que durante el ciclo se cortan 3 sets (racimos) y cada uno de ellos presenta de 3 a 5 pepinos por planta. 1 solo pepino puede llegar a pesar entre 700 y 750 g, casi un kilo. Donde mantiene una cosecha de: 3000 m2, 250 kilos en un corte.

Mientras otro agricultor señala que obtiene 54 toneladas en 7 sets, donde un set, es formado por 1-2 pepinos. En la figura 19, se muestra la forma de empaquetado de la producción de pepino, además es necesario llevar un registro detallado de las actividades de producción para evaluar el rendimiento y hacer ajustes para futuros ciclos de cultivo.

Figura 19 Empaquetado de la producción (Fotografía: Vanessa Flores Santiago)

VIABILIDAD DEL CULTIVO.

La viabilidad de la producción va a depender de distintos factores, desde la producción neta, su comercialización y su distribución. Es importante realizar análisis económicos y agronómicos detallados, así como estar dispuesto a adaptar tu enfoque según las condiciones cambiantes del mercado y las tecnologías disponibles.

Los productores entrevistados mencionaron que los canales de comercialización son 60% de entrega a centrales de abastos de Tulancingo y México, y el resto se comercializa en el mercado local a través de intermediarios locales y en algunas ocasiones se han presentado problemas de comercialización que repercuten en el precio del pepino.

Es importante investigar y evaluar la demande del mercado, conociendo las preferencias de los consumidores, los canales de distribución y la competencia en tú área, en conjunto, se debe tener la capacidad de incorporar tecnologías innovadoras y prácticas agrícolas modernas para mejorar la eficiencia y rentabilidad dentro de la agricultura

El productor No. 3 comercializa sus productos a empresas como Tony's Green House y a lugares cercanos a la comunidad como lo es La estación y Santa Ana. En la figura 20, se muestra las diferentes vías de comercialización y vías de distribuciones que disponen los productores de pepino.

Es necesario identificar y evaluar los riegos potenciales como las enfermedades, fluctuaciones de precios, pérdidas, entre otros y desarrollar las estrategias para mitigar los riesgos y garantizar la continuidad del cultivo.

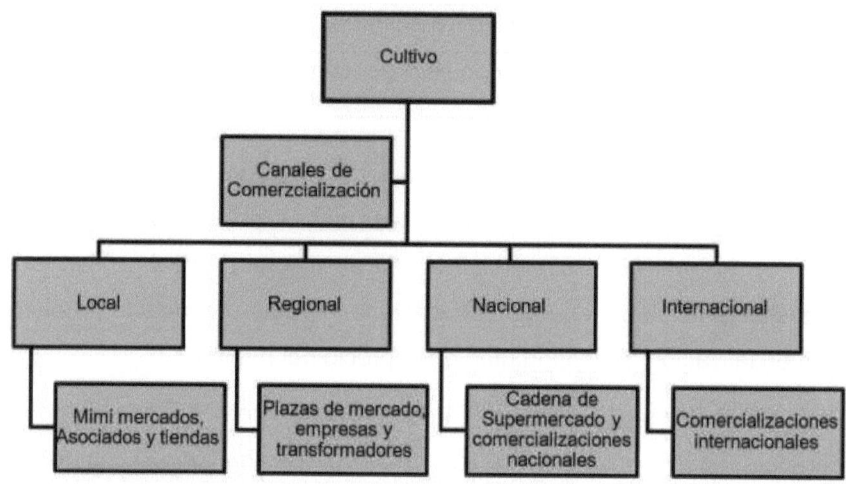

Figura 20 Comercialización y vías de distribución del cultivo de pepino

ADMINISTRACIÓN DEL CULTIVO

Gastos

Con los datos recolectados y con la información del productor, se creó un análisis de rentabilidad del producto. Tomando en cuenta 3 factores, insumos comerciales (tabla 7), factores internos (tabla 8) e insumos indirectamente comerciales (tabla 9), con los valores absolutos expresados en pesos mexicanos y Lo cual se obtuvo un ingreso total de $93,360.00 para la producción del cultivo

Costos de Rentabilidad: Insumos Comerciales	
Concepto	Absolutos ($)
Fertilizantes	13,342
Fungicidas	4,739
Insecticidas	1,440
Plaguicidas	910
Semilla o planta	12,000
Diésel	100
Total	32,531

Tabla 7 Rentabilidad de Insumos Comerciales

Costos de Rentabilidad: Factores Internos	
Concepto	Absolutos ($)

Labores manuales	33,800
Labores mecanizadas	60.0
Uso de agua	500
Materiales diversos	12,660
Total	60,520

Tabla 8 Rentabilidad de Factores Internos

Costos de Rentabilidad: Insumos indirectamente comerciables	
Concepto	Absolutos ($)
Tractor e implementos	309
Total	309

Tabla 9 Rentabilidad de insumos indirectamente comerciables

Beneficio

El área con la que cuenta el productor 3 es de 4,000.0 m2, para la obtención de la situación economía y conocer el valor entrante de la producción, se debe hacer una estimación del precio de venta al mercado del fruto, dando así el factor de beneficio al productor.

La ganancia/ingresos fue de $125,775.00 pesos aproximadamente de la comercialización del producto.

Balance Económico

Para conocer la rentabilidad del cultivo, se debe obtener el retorno de la inversión, con el cual, podremos calcular la productividad, con los datos del beneficio obtenido e inversión, obteniendo la ganancia neta. La fórmula correspondiente es:

$$ROI = beneficio\ obtenido - inversión$$

$$ROI = 125,775 - 93,360$$

$$ROI = 32,415$$

$$Ganancia\ neta: \$32,415.00$$

Mientras que, para conocer el porcentaje de rentabilidad, se usan los mismos valores que en la parte de arriba, solamente que dividimos entre la inversión y multiplicamos por 100, para obtener los porcentajes. La rentabilidad del producto es:

$$Rentabilidad\ (\%) = \frac{(beneficio\ obtenido - inversión)}{inversión}\ x100$$

$$Rentabilidad\ (\%) = \frac{(125,775 - 79,860)}{79,860}\ x100$$

$$Rentabilidad\ (\%) = 57.49\%$$

RECOMENDACIONES

• Monitorear y mantener el ambiente de desarrollo del cultivo cumpliendo las normas necesarias para obtener un mayor rendimiento en el crecimiento y producción

• Durante la época de trasplante, cuidar los parámetros de humedad, drenaje y textura para evitar pérdidas de plántula, mantener la cantidad de materia orgánica en el sustrato.

• Seguir una buena formulación de fertilizante, volviendo así eficiente los productos, efectuando un menor gasto en los insumos; además un seguimiento cercano de enfermedades y plagas para evitar la pérdida parcial o total del producto

• Uso de acolchonado, para eficientar el riego, evitando la perdida de agua, ayudando a evitar plagas y un mejor desarrollo fisiológico de la planta.

• Mantener y monitoria la temperatura dentro del invernadero, cuidando los procesos de cierre y apertura de las cortinas

• Cuidar el sustrato para evitar la erosión y pérdidas drásticas de materia orgánica.

- Administrarlas dosis de fertilización adecuada, evitar suministrar nutriciones al tanteo.

- El evitar a gran medida el uso de ingredientes activos como glifosato, de manera directa e indirecta.

CONCLUSIÓN

El desarrollo de un cultivo dentro de invernadero, es una forma de poder controlar los factores, como la temperatura y un mejor manejo del riego.

La producción de cualquier tipo de siembra, la inversión inicial, será alta, pero con mayor rendimiento y redituable.

AGRADECIMIENTOS

Agradecemos a los productores C. Emmanuel Trejo Cárdenas (productor 1), Azael Bracho Pérez (productor 2) y a su personal encargado el Sr. Sergio Hernández, al Ingeniero Vicente Damián Guevara Jacuinde (productor 3) por permitirnos entrar a su producción de Pepino en el Valle de Tulancingo y brindarnos la información para llevar a cabo esta investigación.

REFERENCIAS

Alvarado, J.R.; Beltrán, M.F.; Mateus, A.M. (2014). Viabilidad de producción bajo invernadero del pepino europeo (cucumis sativus l.) hibrido cumlaude RZ- F1 en la Vereda Cascadas de Municipio de Susa [Licenciatura. Universidad Nacional Abierta y a Distancia]. Repositorio Institucional UNAD

Argüello, H.I. (2020). Manejo del cultivo de pepino (Cucumis sativus L.) y sus efectos sobre variables agroecológicas y contaminación microbiana, Masaya.[Tesis de Maestría, Universidad Nacional Agraria]. SIIDCA.

Arteaga, F.; Albertos, R. (2018). Cultivo del pepino bajo plástico. Hojas divulgadoras. Vol. 68 (21). 31-78 Bárberi, P. (2013). Métodos preventivos culturales para el manejo de malezas. Recuperado de: https://www.fao.org/3/y5031s/y5031s0e.html

Barraza, F.V. (2017). Absorción de N, P, K, Ca y Mg en cultivo de pepino bajo sistema hidropónico. Revista Colombiana de Ciencias Hortícolas, Vol. 11 (2), 343-350. http://dx.doi.org/10.17584/rcch.2017v11i2.7346

Casilimas, H.; Monsalve, O.; Bojacá, C.R.; Gil, R.; Villagrán, E.; Arias, L.A.; Fuentes, L.S. (2012). Manual de Pepino: Bajo condiciones protegidas. (1ª ed.). https://www.utadeo.edu.co/sites/tadeo/files/node/wysiwyg/pub_54_man ual_ de_produccion_de_pepino.pdf

Castilla, N.; Bretones, F. (2018). El pepino en Invernadero. Caja Rural Provincial de Almeria, Vol. 69 (1), 17-24.

Cedillo, E.; Castro, P.; Arontes, J.; Contreras, F.E.; Rivera, Z.; Martínez, L.P. (2018). Manual de producción de pepino en bolis de fibra de coco en invernadero (1ª ed.). https://planificacionfesaragon.com/sites/default/files/manuales/Manual% 20d e%20Produccion%20de%20Pepino.pdf

Chacón, K.; Monge, J.E. (2021). Manejo integrado de plagas en pepino (Cucumis sativus) cultivado. Universidad de Costa Rica.12 (1), 114-118. DOI 10.13140/RG.2.2.35797.14569

Cruz, J.A.; Monge, J.E. Loria, M. (2020). Comparación agronómica entre tipos de pepinos. UNED Research Journal, Vol.12 (1) 23-32. DOI: https://doi.org/10.22458/urj.v12i1.2842

Diédhiou, I. (2017). Respuesta del cultivo de pepino (Cucumis sativus, L.) a la aplicación de abonos orgánicos en diferentes sistemas de producción. [Tesis de Maestría, Universidad Autónoma de San Luis Potosí]. Repositorio institucional de UASLP. Fleischer, S.; Román, G.; López-Uribe, M. (2021). Polinización de Pepino.

PennState Extension Magazine, (18) 134-140. https://extension.psu.edu/polinizacion-de-pepino

Jardi, B. (2022). Mulching vegetal: beneficios para el ahorro de agua. Recuperado de https://www.brucjardi.com/beneficios-del-mulching-vegetal-para-el- ahorro-de-agua/

López, J.; Rodríguez, J.C.;Huez, M.A.; Garza, S.;Jimenez, J.; Leyva, E.I. (2011). Producción y calidad de pepino (Cucumis sativus L.) bajo condiciones de invernadero usando dos sistemas de poda. IDESIA Chile, Vol. 29 (2) 21-27. http://dx.doi.org/10.4067/S0718-34292011000200003

López-Bautista, E. (2008). Universidad Autónoma Agraria Antonio Narro. Obtenido de http://repositorio.uaaan.mx:8080/xmlui/bitstream/handle/123456789/4270/T1 6570%20LOPEZ%20BAUTISTA%2C%20EVERARDO%20%20TESIS.pdf?sequence=1&isAllowed=y

Martínez, J.; Macías, H.; Mendoza, S.F.; Medina, T. (2010). Producción de hortalizas con el uso de plásticos como acolchado. CENID-RASPA.

Masaquiza P. A. (2016). Manejo de población de insectos en pepeno, bajo principios de producción limpia en el sector la Isla, Cantón Cumandá. [Tesis doctoral, Universidad Técnica de Ambato]. Repositorio Universitario Técnica de Ambato.

Meneses Fernández, C.; Quesada Roldán, G. (2018). Crecimiento y rendimiento del pepino en ambiente protegido y con sustratos orgánicos alternativos. Agronomía Mesoamericana. Vol. 29 (2). 235-20. http://dx.doi.org/10.15517/ma.v29i2.28738.

Ramírez, O.; Hernández, J.; Gonzalo, F.J. (2020) Análisis económico del pepino del pepino persa en condiciones de invernadero en Guerrero y Estado y México. Revista Mexicana de Agro negocios. Vol. 48, 678-689. https://www.redalyc.org/articulo.oa?id=14167610009

Rojas, G.A. (2011). Uso de Acolchados Plásticos de Colores y su Efecto Sobre el Rendimiento y Calidad de Semilla. [Tesis de Licenciatura. Universidad Autónoma Agraria Antonio Narro]. Repositorio UAAAN.

Ruiz, N. (2011). Analizadores electroquímicos para medir el pH del agua en procesos industriales. [Tesis de licenciatura, Universidad de San Carlos de Guatemala] Biblioteca Central USAC.

Solís, A. (2017). Producción de pepino. Recuperado de: https://core.ac.uk/download/pdf/154797268.pdf

Vicente, N. (2001). Conjunto Tecnológico para la producción de pepinillo: Nematodos. Universidad de Puerto Rico. Obtenido de https://www.uprm.edu/wp-content/uploads/sites/382/2016/04/PEPINILLO- NEMATODOS.pdf

Zamora, E. (2017). Cultivo de pepino bajo cubiertas plásticas. Recuperado de: https://dagus.unison.mx/Zamora/7.%20EL%20CULTIVO%20DE%20PE PIN

O%20PERSA%20(Cucumis%20sativus%20L.)%20BAJO%20CUBIERT
AS %20PLASTICAS.pdf

Buy your books fast and straightforward online - at one of world's fastest growing online book stores! Environmentally sound due to Print-on-Demand technologies.

Buy your books online at
www.morebooks.shop

¡Compre sus libros rápido y directo en internet, en una de las librerías en línea con mayor crecimiento en el mundo! Producción que protege el medio ambiente a través de las tecnologías de impresión bajo demanda.

Compre sus libros online en
www.morebooks.shop

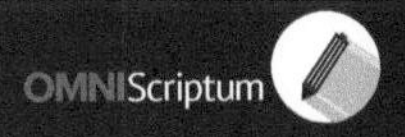

MIX
Papier aus verantwortungsvollen Quellen
Paper from responsible sources
FSC® C105338

Printed by Books on Demand GmbH, Norderstedt / Germany